ZHUANLI FENXI YU YUNYONG

专利分析与运用

刘 勤 胡良龙 著

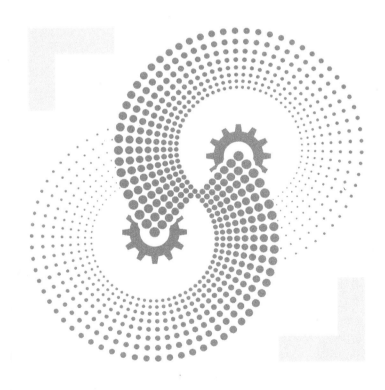

中国农业科学技术出版社

图书在版编目（CIP）数据

专利分析与运用 / 刘勤，胡良龙著 . --北京：中国农业科学技术出版社，2023.7

ISBN 978-7-5116-6354-2

Ⅰ.①专… Ⅱ.①刘…②胡… Ⅲ.①农业技术–专利–研究 Ⅳ.①S-18

中国国家版本馆 CIP 数据核字（2023）第 130348 号

责任编辑	李冠桥
责任校对	贾若妍　李向荣
责任印制	姜义伟　王思文

出 版 者	中国农业科学技术出版社
	北京市中关村南大街 12 号　　邮编：100081
电 　 话	（010）82106632（编辑室）　　（010）82109702（发行部）
	（010）82109709（读者服务部）
网 　 址	https://castp.caas.cn
经 销 者	各地新华书店
印 刷 者	北京建宏印刷有限公司
开 　 本	170 mm×240 mm　1/16
印 　 张	9.5
字 　 数	158 千字
版 　 次	2023 年 7 月第 1 版　2023 年 7 月第 1 次印刷
定 　 价	50.00 元

前　　言

"创新是引领发展的第一动力。"知识产权战略是创新驱动发展的重要制度安排，产业是创新驱动发展的核心，服务于产业创新是知识产权战略发挥作用的关键路径。随着知识产权在产业竞争中的作用日益凸显，知识产权驱动产业的发展模式已经成为经济发展的主流。在新时代背景下，经济转型和产业升级是国家和地方经济面临的重大挑战，通过创新驱动转型升级是发展的重要手段，知识产权战略是重要抓手。

作为知识产权的核心要素，专利是激励和保护技术创新、促进和推动产业发展的制度保障。专利集技术、经济、商业、法律等相关信息于一体，它在数据的可得性、完整性以及信息披露等方面具有不可比拟的优势。

专利最大的价值在于运用。习近平总书记强调，科技创新绝不仅是实验室里的研究，而是必须将科技创新成果转化为推动经济社会发展的现实动力。专利分析、专利价值评估以及高价值专利培育，均和专利运用有着紧密的内在联系，是专利运用不可或缺的关键环节。专利分析可以帮助创新主体更加准确地抓住技术创新成果的主要创新点，并且有助于创新主体对项目研发和技术创新的成果进行全面的保护，培育和完善现有或将来的专利组合，便于市场运用。要实现专利有效运用，需要"以终为始"，从提高有效供给入手，布局一批具有战略性、前瞻性、能够引领行业发展或支撑产业升级的高价值专利。利用专利价值评估的量化工具进行决策，将有助于高价值专利的"高价值"在微观层面以货币化的形式实现。

本书主要从 3 个方面进行了梳理：第一章涉及专利分析的概念、作用和研究报告撰写策略；第二章阐述了专利价值评估的意义、难点、方法，以及高价值专利培育的路径；第三章介绍了专利运用的主要方式、专利申请前评估、专利池，科研院所贯标对专利运用的推动作用。

希望本书能对知识产权工作从业人员提高专利管理水平和专利运用成效，形成专利和技术创新相互促进的良性循环起到积极作用。本书介绍的专利信息分析、专利价值评估的方法和手段是作者对已有工作的总结和归纳，读者当根据自身情况进行调整，不建议照搬。由于著者时间仓促、水平有限，本书中的观点和内容难免有疏漏和不足之处，望广大读者批评指正，提出宝贵的意见和建议。

著　者

2023 年 5 月

目 录

第一章 专利分析

本书专利分析主要指专利信息分析。专利信息是专利制度带来的具有巨大价值的信息资源。专利作为技术信息最有效的载体，囊括了全球 90% 以上的最新技术情报。因此，通过对行业或某一技术分支内专利文献的分析，能够客观反映专利总体态势、技术发展路线和主要竞争主体的研发动向和保护策略，为国家、行业、研究机构、企业制定技术创新战略、研发策略和竞争策略提供有效的支撑。

一、专利信息的概念

专利信息属于科学技术信息，主要指一切专利活动所产生的相关信息的总和。专利信息具有信息的高度集成性，内容涵盖技术信息、市场信息、法律信息及其他信息，不仅更新及时、描述详细、内容真实，而且格式规范、便于查阅，相比其他科技情报有一定的优势。

二、专利信息分析的概念

专利信息分析是指对来自专利文献中大量或个别的专利信息进行科学的加工、整理与分析，并利用统计方法或数据处理手段，提取有关重要的市场信息、技术信息、研发信息、技术发展方向信息，使这些信息具有纵览全局及预测的功能，并通过专利分析使它们由普通的信息上升为对技术开发和经营活动有价值的情报。专利信息只有经过分析处理，转化为互相关联的、准确的、可使用的信息才是情报。也就是说，专利信息是基础，而专利情报才是目的。专利信息分析的过程可以理解为由专利信息获取专利情报的过程。

三、专利信息分析的作用

从 1474 年世界上第一部专利法诞生，至今已有 500 多年历史。迄今全球共有 6 000 多万件专利，且每年新增约 150 万件专利文献。随着技术发展步伐的加快，以及技术进步对市场决定作用的加强，人们逐渐意识到专利信息的重要性，开始分析大量的专利数据，将其转换为竞争情报，以把握技术动态，了解技术竞争力。

目前，专利分析已经从以手工处理时代过渡到以计算机为工具的处理时代，这为专利分析提供了极大的便利条件，也促进了专利分析向自动化、智能化、可视化方向发展。计算机的量化处理，是提高专利分析效率的一个主要发展方向。随着知识经济时代的到来，人类社会的变革远比以往任何时期更加深刻，意义更加深远。全球经济一体化的进程不断加快，技术创新的规模和进程以前所未有的速度发展。与此同时，随着科技产业化不断加快，技术及产品的生命周期大大缩短，市场竞争愈演愈烈。在如此激烈的市场竞争环境中，创新主体要在竞争中得以生存，并要在竞争中不断发展，就必须不断进行技术创新。为了应对各种变化和不确定因素所带来的风险，人们需要对经济活动、科技活动及其影响做出分析评估，制定相应的发展战略和政策，确定面向未来的发展方向。

专利技术是生产力当中最活跃、最先进、最实用的部分，专利制度的核心是保护发明创造，鼓励技术创新，其重要作用之一是在法律保护下，加快专利技术的推广应用，促进社会进步和经济发展。从世界范围看，运用专利战略保护自己的知识产权、增强竞争优势已经成为市场竞争中最为有效的手段。而作为制定、运用专利战略的基础和前提，专利信息分析无疑是十分重要的。

专利信息分析的本质是通过对专利信息的内容、专利数量以及数量的变化或不同范围内各种量的比值（如百分比、增长率等）的研究，对专利文献中包含的各种信息进行定向选择和科学抽象的研究活动，是情报信息工作和科技工作的结合，是一种科学劳动的集合。从专利信息分析的内在特征看，专利信息分析的核心是对专利技术的现状、发展等问题的研究；从专利信息分析的外部特征看，专利信息分析是在不断向经济、社会多方面延伸和扩展的分析研究，因此专利信息分析的应用领域是非常广泛的。

专利信息分析对专利布局和运用的支撑作用不容小觑。创新主体开展技术创新或制定专利布局和运用规划时，专利信息分析可以帮助其从宏观层面了解专利技术发展脉络、技术热点和整个领域的专利布局竞争态势；从微观层面进一步明晰、筛选和判定有价值的空白点；从竞争层面可以分析竞争对手的布局特点和布局策略。通过宏观、微观、竞争3个层面的综合分析，可以确定挖掘方向、启发挖掘思路、激发新的创意、规避专利侵权、提高研发技术的质量，可以发现新的技术领域和技术手段，也可以在技术相对密集的领域发现技术发展机会点，以及可以对现有技术改进的领域，最终促进创新活动，推进技术研发并转化成相应的专利成果。

四、专利信息分析的策略

专利信息分析的过程，是具有增值价值的专利信息再生产的过程，是通过使用各种定量或定性的分析方法，对大量杂乱的、孤立的专利信息进行分析，研究专利信息之间的相互关联性，挖掘深藏在大量信息中的客观事实真相，从而对特定技术或技术领域或行业做出趋势预测，对竞争对手进行跟踪研究的过程。专利信息分析能为国家、行业、企业的生产、经营、决策提供重要的情报支持。

专利分析的目的决定了分析的内容，如只需要分析行业的专利申请趋势，则应当以数据层面的分析为主；如需要对某一即将出口的产品进行专利侵权风险分析，则应当以技术层面的权利要求分析为主；如想要分析某一竞争对手的专利挖掘策略时，则应当在技术层面分析的基础之上进行策略上的宏观分析等。分析内容决定了需要分析的深入程度，有些分析内容不仅需要数据层面的分析，还需要技术层面、战略层面乃至系统应用层面的分析，如对竞争对手的分析，既需要统计其专利申请趋势的数据，又需要对其关注的重点技术、技术的研发动向等技术层面进行分析，还需要分析其专利布局策略、专利诉讼策略、专利运用策略等。

五、专利分析的流程

专利分析包括准备、检索、数据处理、数据分析、研究报告撰写共5个阶段。

1. 准备

在准备阶段，首先要了解背景技术，根据分析的目的和技术领域，提前制定技术分解表。技术分解表要能够反映技术热点和行业需求，适于检索，具有分析可行性。一个准确的技术分解对了解行业状况、检索专利信息以及检索结果处理等都具有非常重要的意义，不仅可以帮助专利分析人员在专利检索和分析之前了解产业发展和行业技术发展状况，还能帮助专利分析人员准确了解行业各技术分支的情况，使专利分析人员对于整体技术主题从宏观到微观都心中有数。

技术分解表的修正可以在更深入的技术分析、产业分析和专利布局分析的基础上完成。经过多次修正确定的技术分解表是专利信息分析的基础，在分析过程中，技术分解表可以根据分析进展，进行适应性调整。在专利信息分析中，没有统一的技术分解表模板，但技术分解表的确立工作要求非常严谨和规范。

2. 检索

专利检索的目的是全面准确地获取专利分析的数据集合。

（1）检索路径

根据技术研发的不同阶段，专利检索的路径有所不同。

① 研发前检索

在研发之前，通过检索平台来确定技术构思是否已经被他人申请专利或已经取得专利权。

② 专利申请前的新颖性检索

在申请前确定技术方案是否具备新颖性，以确定技术方案是否可以提出专利申请。

③ 防止侵权检索

通过检索排除所制造或销售的产品落入他人专利权保护范围的可能性。

④ 无效程序中的证据搜集检索

利用检索到的在先公开的技术，作为无效程序中质疑对方专利权新颖性、创造性的证据。

专利检索主要包括选择合适的检索数据库和确定检索策略。

检索数据库的选择：应当充分考虑分析的时间和地域要求，需要的数据项、分析维度以及数据库自身特点等多个因素。应对不同的数据库的数据可靠性、数据完整性和数据精准性进行初步评价。可以使用同一检索式在不同的检索数据库进行检索，根据检索结果来评价数据库的数据完整程度和数据加工能力。

另外，专利分析工作具有较强的时效性，检索过程要尽可能缩短，因此在选择检索数据库时要考虑检索效率，选择易用性好、方便对检索结果后续处理的数据库。目前常见的专利检索数据库主要有：中国国家知识产权局专利检索系统、国外主要专利局专利检索数据库、其他专利检索数据库。

确定检索策略：这是检索阶段的重要环节，应当充分研究行业发展现状和不同技术领域的特点，结合检索数据库的功能制定。在具体构建检索式时，专利分析检索的要素要以分类号、关键词为主，必要时应当以申请人、发明人等作为补充检索要素。为避免出现文献遗漏，应当使用分类号与关键词相结合来构建检索式，但在实际操作中，根据不同的技术主题，可以针对性选取分类号或关键词作为检索的重点。

（2）分类号的使用

分类号是使各国专利文献获得统一分类的一种工具，它根据专利文献制定的技术主题进行逐级分类，从而具有共同的类别标识。分类号是专利检索中获取专利数据的重要入口之一，包含了某些关键词的上下位概念，因此利用分类号可以弥补因使用关键词检索造成的遗漏。

现有的分类体系包括《国际专利分类表》（IPC 分类）、各国的专利分类体系和商业公司的分类体系。各国分类体系主要包括：欧洲专利局分类体系 EC、欧洲专利局的 ICO 标引码、日本专利局的 FI/F-term 分类体系、美国专利局的 UC 分类体系等。商业公司的专利分类体系有：德温特公司的德温特分类 DC 和手工代码 MC 等，其中最常用的是 IPC 分类。

《国际专利分类表》（IPC 分类）是根据 1971 年签订的《国际专利分类斯特拉斯堡协定》编制的，是国际通用的专利文献分类和检索工具，为世界各国所必备。在其问世的 30 多年里，IPC 对于海量专利文献的组织、管理和检索作出了不可磨灭的贡献。

IPC 分类表分以下 8 个分册：

第一分册——人类生活需要（农、轻、医）；

第二分册——作业、运输；

第三分册——化学、冶金；

第四分册——纺织、造纸；

第五分册——固定建筑物；

第六分册——机械工程、照明、加热、武器、爆破；

第七分册——物理；

第八分册——电学。

国际专利分类系统按照技术主题设立类目，把整个技术领域分为 5 个不同等级：部、大类、小类、大组、小组。

部：B——作业、运输；

大类：B64——表示飞行器、航空、宇宙飞船，大类类号用 2 位数标记；

小类：B64C——表示飞行，小类类号用大写字母标记；

大组：B64C25/00——表示起落装置，大组类号用 1～3 位数加/00 标记；

小组：B64C25/02——标记是将大组/00 中的 00 改为其他数字。

（3）关键词的使用

关键词是专利文献内容最直观的表现，是进行专利分析检索的核心手段之一。与分类号一样，关键词也是获得专利信息的基础，直接影响专利信息的全面性和准确性，决定着专利分析结果的质量。专利分析过程中，划定检索范围、制定检索策略、数据清理等工作都离不开关键词。关键词不仅用于确定相关的专利文献，也常用于排除噪声文献。

在某些情况下，通过分类号无法准确区分特定技术分支所包含的内容，这时就需要通过关键词进行区分。例如，检索过程中由于不同国家和地区的专利局对专利文献的分类思路不同，因而同一主题的文献可能会被分在不同的分类号下，这时就需要使用关键词对所检索的主题进行补充或者直接将关键词作为检索入口。

在专利分析检索中，所确定的关键词是要表达出某个技术领域或某个技术分支的技术特点，这种技术特点对于该技术领域或技术分支而言应具有普遍性，想从单篇或几篇专利文献中完整获取这种技术特点是不可能的，需要对该技术领域或技术分支有较为全面、深入的了解才能准确把握关键词。

在检索以及随后的数据处理过程中，需要评估所选择的关键词是否准确。在检索过程中对关键词进行补充和调整时，可以采取增减关键词并将检索结果与增减前的结果逐一比对的方法，以此判断是否在检索中引入该关键词。

（4）检索的注意事项

关于检索数量。不同数量专利的检索，对应不同的方法和要求，宏观、中观、微观分析的检索各不相同。根据 WIPO（世界知识产权组织）的建议值，宏观数据量：>1 000 条专利数据，中观数据量：1 000～10 000 专利数据，微观数据量：<1 000 条专利数据。

关于查全率和查准率。查全率是衡量某一检索系统从文献集合中检出相关文献成功度的一项指标，即检出的相关文献与全部相关文献的百分比。查全率绝对值很难计算，只能根据数据库内容、数量来估算。

查准率是衡量某一检索系统的信号噪声比的一种指标，即检出的相关文献与检出的全部文献的百分比。

查全率、查准率的提高虽然很耗费时间和精力，却是报告结论真实可信的基础。检索就是在查全、查准之间寻找平衡，通常假定查全率为一个适当的值，然后按查准率的高低来衡量系统的有效性，一般查准率达到80%已经非常好了。

3. 数据处理

数据处理是指将检索到的原始数据进行转换、清洗等加工整理后，转化为专利分析样本数据库。数据处理是后期图表制作、统计分析的基础。数据处理的质量将影响专利分析结果的准确性。由于检索数据库可能有多个，而每个数据库导出的数据格式是不同的，因此需要对数据格式进行转换，数据转换是数据处理的必要环节。数据转换后还要进行数据清洗，包括数据规范和对重复专利的去重。数据规范是指对不同数据库来源的数据在著录项目表示方式上进行统一。数据项规范主要包括分类号、公开号、申请人国别、申请人名称、发明人名称、国家/省（市）/地区、关键词等相关内容的规范。

4. 数据分析

数据分析是专利分析中的重中之重。该阶段的任务需要关注采用何种分析方法、何种分析工具，达到何种分析目的、采用何种可视化的方式进行呈现，并对可视化图表进行解读。选择合适的专利分析方法是专利分析目标实现的关键。分析方法的选择没有定式，应当根据分析目标的要求有所侧重，但基本的分析方法要有所涉及。

（1）主要分析工具

由于面对的专利数据非常庞大，各种专利分析方法往往需要依赖于专利分析工具，分析工具直接影响到专利信息分析的效率和准确性。随着计算机的普及，信息技术和网络技术的发展，专利信息分析逐渐从手工处理过渡到以计算机为工具的时代，为专利分析提供了极大的便利条件，促进了专利信息分析方法的研究和拓展应用，也促使专利分析方法向自动化、智能化、网络化和可视化方向发展。市面上出现的各种各样的专利分析工具，如Innography（Innography Advanced Analysis）、DI（Derwent Innovation）、Patentics、智慧芽、SooPat、壹专利、IncoPat 等，均适用于专利信息分析。

① Innography

Innography Advanced Analysis（简称 Innography）是一款专利在线检索分析工具，由美国 INNOGRAPHY 公司于 2007 年推出，是世界顶级的知识产权商业情报分析工具，有丰富的数据模块，可以查询和获取全球 100 多个国家的专利、法律状态及专利原文，以及 2 200万件以上的非专利文献以及 1 亿条以上的引文关联数据。除此之外，还包含来自 PACER（美国联邦法院电子备案系统）的全部专利诉讼数据，以及来自邓白氏及美国证券交易委员会的专利权人财务数据。

Innography 具有丰富的数据源：包括专利、公司、财务、市场、诉讼、商标、科技文献、标准等数据，并可进行关联分析。专利地图分析能快速分析专利技术分布，挖掘技术热点和趋势，专利申请人气泡分析图能直观体现专利申请人之间技术差距和综合经济实力，文本聚类分析功能可以快速判断研究领域的技术要点，专利强度指标可以从海量专利数据中筛选出高价值的核心专利，进而挖掘出技术领域的研发重点。

② DI

Derwent Innovation（简称 DI）是全球最著名权威的整合专利科技文献综合检索平台，覆盖全球 100 余个国家和地区的专利文献，同时可以检索 *Web of Science*、*Current Contents Connect*、*INSPEC* 和 *Proceedings* 的非专利文献。DI 平台还提供全球领先的专利引证树、专利分析表单图标分析功能、专利地图和文本聚类等分析工具，仅需数分钟即可从纷繁的信息中挖掘出最有价值的科技情报，如技术总体分布、竞争态势、技术发展趋势等，通过数据分析帮助企业或科研机构快速得出结论。

③ Patentics

Patentics 是集专利信息检索、下载、分析与管理于一体的平台系统，包括服务器端和客户终端，采用 Web 浏览格式、用户安装终端格式及建立局域服务器网络格式呈现专利数据，是全球最先进的动态智能专利数据平台系统。它可以分为 Web 版、客户端版，以及大数据分析模块、专利运营分析平台和大专利分析系统三大块。与传统的专利检索方式相比，Patentics 检索系统的最大特点是具有智能语义检索功能，可按照给出的任何中英文文本（包括词语、段落、句子、文章，甚至仅仅是一个专利公开号），即可根据文本内容包含的语义在全球专利数据库中找到与之相关的专利，并按照相关度排序，大大提高了检索的质量和检索效率。Patentics 检索方式也可以跟传统的布尔检索式结合使用，以期获得更精准的检索结果。

④ 智慧芽

智慧芽是一款全球专利检索数据库，深度整合了从 1790 年至今的全球 158 个国家和地区的 1.71 亿项专利数据，每周更新，速度及时。基础数据包括 116 个国家、超 1.4 亿项专利数据；1.37 亿篇文献数据；97 个国家和地区的公司财务数据；法律数据提供公开、实质审查、授权、撤回、驳回、期限届满、未缴年费等法律状态数据；还包括专利许可、诉讼、质押、海关备案等法律事件数据。检索功能支持中、英、日、法、德 5 种检索语言；提供智能检索、高级检索、命令检索、批量检索、分类号检索、语义检索、扩展检索、法律检索、图像检索、文献检索十大检索方式，其中图像检索覆盖 53 个国家和地区的外观设计数据。分析功能支持高级统计分析，对申请人、发明人、时间分析、国家/地区、代理机构、法律状态等字段的统计分析；自定义分析，根据自身需求，自定义选择分析字段进行组合；同族分析，包括简单同族、扩展同族以及 Inpadoc 同族；引用分析，对引用和被引用专利数据的统计分析；矩阵分析，系统标准字段加自定义字段的组合，可以生成二维矩阵，三维矩阵等。

⑤ SooPat

SooPat 是一个专利数据搜索引擎。Soopat 中的 Soo 为"搜索"，Pat 为"patent"，SooPat 即"搜索专利"。SooPat 本身并不提供数据，而是将所有互联网上免费的专利数据库进行链接、整合，并加以人性化的调整，使之更加符合人们的一般检索习惯。SooPat 还开发了更为强大的专利分析功能，提供各种类型的专利分析，例如可以对专利申请人、申请量、专利号分布等进行分析，用专利图表表示，而且速度非常快，专利分析功能完全是免费的。

⑥ 壹专利

壹专利是结合广州奥凯信息咨询有限公司近 20 年的专利检索分析经验，融合国内外技术特点和优势，依托于奥凯自建的专利大数据中心，旨在为用户提供简单、方便、高效的专利检索、阅读和分析工具。该工具数据全面，囊括了全球 104 个国家和地区的 1 亿多条专利数据；数据更新及时，以周为单位进行专利数据的更新；检索功能操作简单，提供助手式的检索式编写功能，并支持对检索结果进行二次检索和筛选；检索响应时间可达到毫秒级别，搜索引擎稳定，检索结果精准；检索结果展现方式多样，提供列表视图、图文视图、首图视图、全图视图等多种形式进行检索结果的展现，针对专利详情展示，提供高亮标识、双屏对比等人性化功能。

⑦ IncoPat

IncoPat 是国内首个将全球顶尖的发明深度整合，并将数据翻译为中文，为中国的企业决策者、研发人员、知识产权管理人员提供科技创新情报的专利信息平台。IncoPat 目前涵盖了全球 120 个国家、组织和地区，拥有 1.2 亿专利文献数据，拥有 400 万专利诉讼、运营、通信标准、海关备案的数据信息。拥有 262 个检索字段，检索更精准、更方便，84 个统计分析字段，便于从不同维度进行数据分析，并且将专利著录信息、法律、运营、同族、引证等信息进行了深度加工及整合，每周至少动态更新 3 次。

IncoPat 独家提供中英文双语检索，可以实现输入中文字段，就能检索全球专利。对于中国大陆的专利，IncoPat 收录了中文和英文的著录信息；非中文专利不仅收录了英文著录信息，部分小语种的标题和摘要信息，还对英文标题和摘要预先机器翻译成了中文，从而实现了中、英文检索和浏览全球专利，有助于用户提高检索和阅读的效率。

（2）数据分析主要内容

数据分析的内容主要有专利技术发展趋势分析、技术生命周期分析、技术功效矩阵分析、重要专利分析、市场主体分析、区域分析、技术合作分析等。

① 技术发展趋势分析

任何技术都有一个产生、发展、成熟及衰老的过程，历年申请的专利数量变化可以确定该技术的发展趋势及活跃时期，为科研立项、技术开发等重大决策提供依据。而对不同技术领域的专利进行时间分布的对比研究，还可以确定在某一时期内，哪些技术领域比较活跃，哪些技术领域处于停滞状态，有助于从业人员或研究人员对行业有一个整体认识，对研发重点和路线进行适应性的调整。综合分析结果的描述大致包括以下几个方面：各发展阶段的专利申请总量增长或降低趋势；各发展阶段申请人数量的变化；各发展阶段的主要申请国家和地区、代表性申请人，需要注意的是，代表性申请人并不一定是申请量排名前几位的申请人，也可以是在行业中具有重大影响或拟重点研究的申请人；各发展阶段的主要技术和代表性专利，代表性专利是指在行业中具有重大影响的专利或拟重点研究申请人的代表性专利；对技术发展趋势的总结和预期。

② 技术生命周期分析

技术生命周期分析是指根据专利统计数据绘制曲线，分析专利技术所处的发展阶段，了解相关技术领域的现状，推测未来技术发展动向。专利技术在理论上按照技术萌芽期、技术成长期、技术成熟期和技术衰退期4个阶段产生周期性变化。

③ 技术功效矩阵分析

技术功效矩阵分析是指通过对专利文献反映的技术主题内容和主要技术功能效果之间的特征研究，揭示它们之间的相互关系。该分析适用于特定的专利组合或集群，便于科研人员掌握该专利组合或集群的技术布局情况，一方面可以了解实现某一种功能效果可以选择哪些专利技术以及该专利技术的有效程度；另一方面，可以了解一种专利技术可以实现多少功能效果以及主要的功能效果是什么，目前的技术空白点是哪些以及未来的突破点或潜在的研究方向是什么。

④ 重要专利分析

重要专利更多地表达了不同使用者基于不同目的对重要专利判断标准的差异化认知。一般而言，重要专利可以从技术价值、法律价值、经济价值、战略价值几个层面来确定，重要专利在一定程度上反映该专利在某领域研发中的基础性、引导性作用。

⑤ 市场主体分析

市场主体分析是专利分析的重要组成部分。对市场主体的深入分析能够获得更具体、更有针对性的专利情报。例如，通过分析重要市场主体在某一技术分支的专利申请量变化情况，能够更具体地把握市场主体技术的发展水平和发展趋势；通过分析重要市场主体的专利申请目标国家或地区的变化情况，能够判断市场主体在专利布局方向上的变化；通过分析各重要市场主体在各技术分支上的申请活跃度，能够确定市场主体的优势领域，从而比较各重要市场主体之间的技术研发重点和研发方向的异同，并依此厘清各重要市场主体之间的竞争态势和合作可能性。

⑥ 区域分析

区域分析可以反映一个国家或地区的技术研发实力、技术发展趋势、重点发展技术领域、重要市场主体等，也可以反映国际上对该区域的关注程度等，区域分析的结论可以为国家或地区进行竞争对抗和全球范围内专利布局提供参考依据。如果一个区域已经有非常强的市场主体进行专利布局，那么就需要考虑自身的情况来决定是否将市场扩展到该区域。在专利区域分析中，涉及最多的是农业发展优势国家和中国的对比分析。

⑦ 专利技术合作分析

合作申请是专利申请的一种常见形式。由于技术问题的复杂性，专利申请逐步出现了多个申请主体、多个权利人的情形。共同申请的专利是市场主体之间合作创新成果的直接体现。对于专利申请中这一独特现象的分析，有助于更清楚地了解产业间的合作关系，寻找技术研发的合作伙伴以及探索实现产学研融合创新的机制。

根据申请人的类型，专利共同申请可分为公司与公司的共同申请、公司与个人的共同申请、个人与个人的共同申请、公司与研究机构的共同申请、公司与大学的共同申请等。根据所处产业链的位置，专利共同申请可以分为：单位与上游产业单位之间的共同申请、与下游产业单位的共同申请、与处于同一产业位置单位间的共同申请。

⑧ 竞争对手分析

分析竞争对手的专利活动可以了解本领域的主要竞争对手的技术优势、专利战略、技术研发重点与技术发展方向等，可以为单位制定专利战略提供依据。对于竞争对手的专利分析，通常可以从竞争对手在所关注领域的专利申请量、申请类型、目标市场、技术研发重点、研发团队和重要专利等方面进行分析。

⑨ 标准与相关专利的分析

专利技术的标准化可使创新成果更多地得到推广应用，从而促进技术进步。标准是规范，可以占据市场；专利是产权，可以保护自己，两者兼顾将会使单位拥有更大的发展空间。在我国，随着单位专利化和标准化意识的提高，一些拥有自主知识产权的单位已经开始进行专利战略布局，积极参与各种标准化组织活动，努力探索如何将标准与专利更好地结合在一起，以谋得最大的经济效益和社会效益。因此，在进行专利分析时，分析标准和专利之间的关系非常必要，这可以使单位在实现技术标准化、专利标准化、标准产业化、产业市场化的进程中获得实际依据，并得到具体的指导。

5. 研究报告撰写

专利分析报告是专利分析的最终成果。报告框架通常包括研究概况、专利分析的具体内容、主要结论和建议。在报告撰写阶段，需要以图表形式对分析内容进行可视化呈现。图表是传递信息的一种重要形式，精心构思和设计的图表能有效帮助分析者更直观、更快速地掌握信息。要考虑图表的综合使用，只有通过多个图表的结合，才能全面反映各方面的信息。根据分析内容的不同，采用图表的形式有所不同，具体如下。

（1）时间趋势分析

一般习惯用曲线图或者柱形图表示，柱状图可以叠加更多的信息，实现对比，曲线图可以更好地表现趋势。

（2）类型占比分析

一般采用饼状图或直方图表示，饼状图整体效果更好，直方图更易于对比。

（3）网络关系分析

一般采用表示相连关系的网络表示，还可以增加新的信息维度，比如利用 2 个连接关系之间的间距表示相近程度。

（4）三维信息分析

除 XY 轴外，还可增加第三维度信息，需要注意信息之间的关联，挖掘更深信息。

（5）地图

这种图表多表示热度和分布情况。

一份高质量的专利分析报告能够充分展示专利分析工作的结果，是专利信息分析水平最直接的体现，因此应当足够重视专利分析报告的撰写。撰写报告，要做到图、表、解读三位一体，有了图，还需要用表格来展示精确的数据，图表只是表现形式，对图表的准确解读才是形成专利分析结论的关键所在，图表解读的深度直接影响专利分析的质量。图表的解读不仅仅是重复图表中的直接显示信息，而是需要以可获知的信息为基础，深入挖掘这些信息背后深层的含义，综合一些外部因素来进行综合解释，从而得出正确的分析结论。

6. 研究报告撰写实例

报告一：2016—2020 年江苏农机制造企业创新情况分析

技术创新与专利存在紧密的内在联系，专利是准确识别技术机会、顺利开展技术创新活动的重要前提，也是技术创新的重要阶段性产出，反映了产业技术创新的活跃程度。作为公开技术源，专利文献包含了90%~95%的技术信息，由于其权威性和时效性，已成为掌握行业技术创新状况和发展趋势的重要工具。从江苏农机技术发展趋势、技术集中度、重要申请人、核心发明人等维度，对行业专利数据进行挖掘和可视化分析，有助于客观评价江苏农机企业创新活动现状，为科学决策提供情报支撑。

《国际专利分类表》（IPC 分类）是根据 1971 年签订的《国际专利分类斯特拉斯堡协定》编制的，是国际通用的专利文献分类和检索工具。IPC分类是目前国际上唯一通用的专利文献分类工具，它采用功能性为主、应用性为辅的 5 级分类原则，即部、大类、小类、大组和小组。专利数集中的 IPC 类组通常是技术研发的活跃区域。本研究在对江苏农机细分领域进行技术集中度分析时，采用 IPC 小类对专利数据进行分类统计，且只针对排名前 5 位的 IPC 小类进行分析。

重要申请人是指专利授权量排名居前的申请人。重要申请人分析中的技术骨干，只列出专利授权量排名前 6 位的人员，不足 6 人时，全部列出。合作申请是专利申请的一种常见形式，由于技术问题的复杂性，专利申请会出现多个申请人的情形，共同申请专利是市场主体之间协作创新的直接体现。对于重要申请人进行合作申请分析，有助于更清楚了解产业间的合作关系，寻求技术研发合作伙伴以及探索实现协同创新的机制。核心发明人是指专利授权量排名居前的发明人。当同一个企业有多位发明人的专利量位列前 5 时，由于其研发内容存在重叠性，因此只针对专利量排名第一的核心发明人进行分析。

一、农机企业专利总体分析

根据主营业务、规模、地域的不同，以江苏465家农机企业为研究样本，利用国家知识产权局专利检索平台对江苏省农机企业专利信息进行统计分析。检索专利为授权专利，包括发明专利和实用新型专利，统计时间为2010年1月1日至2020年12月31日。经检索，共获得有效专利数据7 006条。

（一）专利结构

发明专利是指对产品、方法或者其改进所提出的新的技术方案，具备新颖性、创造性和实用性。实用新型专利是指对产品的形状、构造或者其结合所提出的适于实用的新的技术方案。根据《中华人民共和国专利法》规定，国务院专利行政部门仅对发明专利申请实行实质审查，对实用新型申请除形式审查外，只进行有限"查重"，这种"查重"尚不能达到新颖性审查的高度。因此，发明专利在某种程度上更能表征技术创新水平。

从图1-1来看，江苏农机企业发明专利660件，占比9.42%；实用新型专利6 346件，占比90.58%。较实用新型而言，发明专利占比明显偏低，表明江苏农机企业技术创新水平有待提升。

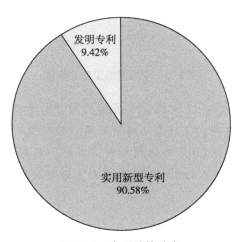

图1-1 专利结构分布

（二）技术发展趋势

统计某行业一段时期内的专利授权量，大致可判别该行业的整体发展态势。从图1-2看，2010—2020年，江苏农机企业专利授权量呈现上升态势，授权量年均增长率达27.60%。尤其是2017年以后，授权量大幅攀升，增长速度明显加快，2020年授权量达1693件，为历年最大值，表明江苏农机企业科技创新活力持续迸发，阶段性创新成果不断涌现。从近2年的发展态势看，预计江苏农机企业专利授权量仍将有所增长，技术发展将继续保持快速发展态势。

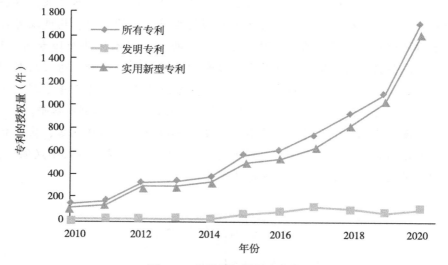

图1-2 专利授权量年度趋势

从实用新型专利看，其授权量年度发展趋势与专利总量的发展趋势大致相近，2010—2020年，授权量年均增长率为28.27%。从发明专利看，授权量长期处于低位，在2017年达到相对高点后，后期始终未能放量突破，表明江苏农机企业在技术的创新性和先进性上还要持续加大力度。

（三）重要申请人

从图1-3看，迈安德集团有限公司、江苏恒立液压股份有限公司、江苏清淮机械有限公司、丰疆智能科技股份有限公司、江苏丰尚智能科技有限公司、常柴股份有限公司、久保田农业机械（苏州）有限公司、江苏常发农业装备股份有限公司、常州东风农机集团有限公司、江苏林海动力机械集团公司 10 家企业，位列专利授权量前 10（TOP10），是江苏农机行业最重要的申请人，其专利授权量共 1 259 件，其中发明专利 123 件，实用新型专利 1 136 件，在江苏全省农机企业专利总量、发明专利量和实用新型专利量中的占比分别为 17.97%、19.52% 和 17.90%。

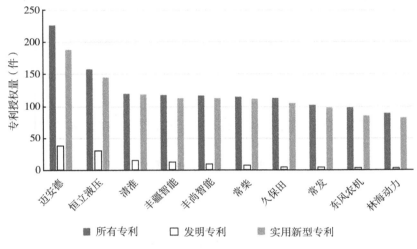

图 1-3　TOP10 申请人专利授权量（件）

二、细分领域专利情况

根据主营业务不同，江苏省农机企业分为农用动力机械及通用机械、种植业机械、畜牧业机械、渔业机械、农产品初加工机械、关键零部件 6 类。

（一）农用动力机械及通用机械

选取 21 家农用动力机械及通用机械代表性企业，检索得到专利 744 件，其中发明专利 86 件，占比 11.56%；实用新型专利 658 件，占比 88.44%。

1. 技术发展趋势

从图 1-4 看，2010—2017 年该板块专利授权量波动较为平稳，虽然 2014 年和 2016 年专利授权量均有所增长，但增长幅度都不大。2017 年后，专利授权量快速攀升，2018—2020年年均增长率达到30.17%。目前看，该板块正处于技术快速发展阶段。

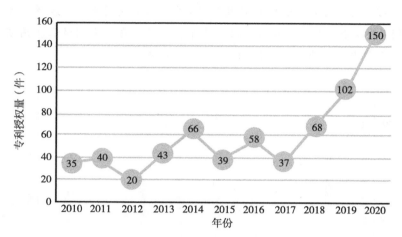

图1-4　专利授权量年度趋势

2. 技术集中度

从图1-5看，该板块技术研发主要集中于发动机的汽缸、活塞或曲轴箱，传动箱中齿轮或轴的设置等技术领域。排名前5位的IPC小类专利授权量总计为94件，占该板块专利授权总量的12.63%，占比不高，表明该板块技术研发热点较为分散。

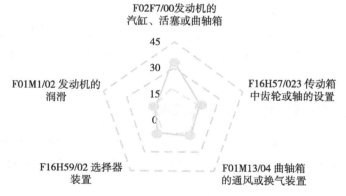

图1-5　技术集中度

伴随着某些技术的兴起和衰落，各技术分支的专利申请活跃度也会呈现相应变化。5个技术分支中，历年专利授权量的极大值分别产生于2019

年、2018 年、2020 年、2020 年和 2020 年。

3. 重要申请人

常柴股份有限公司、江苏常发农业装备股份有限公司、常州东风农机集团有限公司、江苏林海动力机械集团公司、江苏农华智慧农业科技股份有限公司 5 家企业位列专利授权量前 5。TOP5 申请人专利授权量共 485 件，在 21 家企业中占比 65.19%。TOP5 申请人主要研发团队及技术合作情况如表 1-1 所示。

表 1-1 TOP5 申请人研发团队和专利合作申请情况

位次	申请人	专利授权量（件）	技术骨干	合作单位
1	常柴股份有限公司	115	孙建中、钱超、徐毅、程用科、王伟峰、王伟	江苏大学、南京航空航天大学
2	江苏常发农业装备股份有限公司	103	郑和瑞、程铁仕、徐富城、谢太林、钟平、谢峰	—
3	常州东风农机集团有限公司	99	熊吉林、昌茂宏、张建华、沈崇鑫、董作华、夏忠安	农业农村部农业机械试验鉴定总站
4	江苏林海动力机械集团公司	90	戴磊、高峰、张荣山、孙朋山、袁晓春、黄勇	南京理工大学、江苏福马高新动力机械有限公司
5	江苏农华智慧农业科技股份有限公司	78	徐仪、王成存、潘军如、卞明、崔运磊、许钥	江苏江淮动力有限公司

4. 核心发明人

夏建林（盐城市盐海拖拉机制造有限公司）、孙建中（常柴股份有限公司）、王新江（无锡华源凯马发动机有限公司）、熊吉林（常州东风农机集团有限公司）、戴磊（江苏林海动力机械集团公司）5 名发明人位列专利授权量前 5。TOP5 发明人专利授权量共 168 件，在 21 家企业中占比 22.58%，其主要研发内容如表 1-2 所示。

表 1-2 TOP5 发明人主要研发内容

位次	发明人	专利授权量（件）	所属单位	主要研发内容
1	夏建林	45	盐城市盐海拖拉机制造有限公司	拖拉机的电动悬挂控制和提升装置，变速箱的多点动力输出机构，园艺开沟施肥一体机，内外套置式双螺旋施肥装置

（续表）

位次	发明人	专利授权量（件）	所属单位	主要研发内容
2	孙建中	39	常柴股份有限公司	单缸共轨柴油机，柴油机的转速测量机构、转子式输油泵、电起动控制装置，喷油泵的柱塞及柱塞偶件
3	王新江	30	无锡华源凯马发动机有限公司	割草机的Y型滚筒甩刀结构、割草高度调节机构、螺旋削草刀，单缸立式风冷柴油机，凸轮轴动力输出结构
4	熊吉林	28	常州东风农机集团有限公司	拖拉机的三角履带后轮驱动装置、提升器操纵与动力输出联动装置、棘轮驻车制动装置，静液压无级变速器的操纵装置
5	戴磊	26	江苏林海动力机械集团公司	发动机变速箱外置式换挡锁止装置，行星差速全地形履带轮结构，四驱六驱转换农夫车结构

（二）耕整地及种植机械

选取16家耕整地及种植机械代表性企业，检索得到专利598件，其中发明专利46件，占比7.69%；实用新型专利552件，占比92.31%。

1. 技术发展趋势

从图1-6看，该板块技术呈波动发展态势，专利授权量自2010年开始逐渐增长，2012年达到112件，为历年最大值。在达到高点后，2013年专

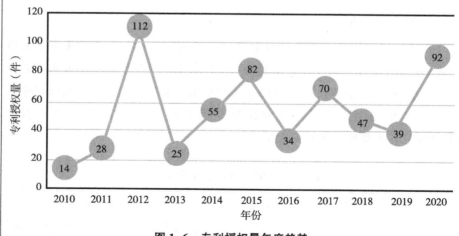

图1-6 专利授权量年度趋势

利授权量出现了大幅下降，之后又数次小幅攀升和下降，在经历了 2019 年的相对低位后，2020 年专利授权量再次快速增长，是否形成趋势性上升态势，还有待观察。

2. 技术集中度

从图 1-7 看，该板块技术研发主要集中于种苗机械或部件、播种或施肥部件等技术领域。排名前 5 的 IPC 小类专利授权量总计为 509 件，占该板块专利授权总量的 34.95%。5 个技术分支中，历年专利授权量的极大值分别产生于 2012 年、2020 年、2020 年、2015 年和 2019 年。

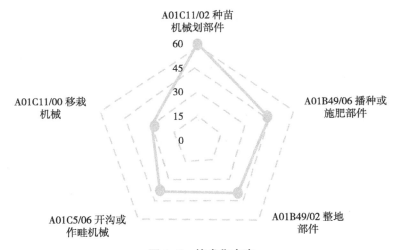

图 1-7 技术集中度

3. 重要申请人

江苏清淮机械有限公司、连云港市兴安机械制造有限公司、常州亚美柯机械设备有限公司、苏州久富农业机械有限公司、江苏云马农机制造有限公司 5 家企业位列专利授权量前 5。TOP5 申请人专利授权量共 369 件，在 16 家企业中占比 61.71%。TOP5 申请人主要研发团队及技术合作情况如表 1-3 所示。

表 1-3 申请人研发团队和专利合作申请情况

位次	申请人	专利授权量（件）	技术骨干	专利合作申请单位
1	江苏清淮机械有限公司	120	刘正刚、姚增国、严硝汤维国、周加宝、刘驰	农业农村部南京农业机械化研究所、南京农业大学、淮阴工学院

（续表）

位次	申请人	专利授权量（件）	技术骨干	专利合作申请单位
2	连云港市兴安机械制造有限公司	76	张斌、刘登富、孟宪清、孙传东、秦人伟、孙成军	南京理工大学、农业农村部南京农业机械化研究所
3	常州亚美柯机械设备有限公司	69	史步云、史永康、朱云峰、刘渊、田渊敏彰、虞翔	永福贸易株式会社、实产业株式会社、山东鑫亚工业股份有限公司
4	苏州久富农业机械有限公司	53	陈伟青、徐正华、王克玖、李侦祥、杨晨东、曾令鹏	农业农村部南京农业机械化研究所
5	江苏云马农机制造有限公司	51	李群、季顺中、陈松慧、孙亦嵘、吴耀东、陆东兴	森森科技集团股份有限公司、农业农村部南京农业机械化研究所、南京农业大学

4. 核心发明人

刘正刚（江苏清淮机械有限公司）、李群（江苏云马农机制造有限公司）、史步云（常州亚美柯机械设备有限公司）、陈伟青（苏州久富农业机械有限公司）、戴其燕（南通富来威农业装备有限公司）5 名发明人位列专利授权量前 5。TOP5 发明人专利授权量共 271 件，在 16 家企业中占比 45.32%。其主要研发内容如表 1-4 所示。

表 1-4 TOP5 发明人主要研发内容

位次	发明人	专利授权量（件）	单位	主要研发内容
1	刘正刚	94	江苏清淮机械有限公司	草莓开沟起垄施肥联合作业机，反旋式起垄覆膜压土作业机，反旋式匀播机，刺针式果园松土施肥机
2	李群	51	江苏云马农机制造有限公司	带有调距装置、防冲刷洒水装置、自脱落播种轮装置、自动扫土的油菜籽育苗播种机，距离可调式蔬菜收获机
3	史步云	47	常州亚美柯机械设备有限公司	农作物侧方深度施肥机构，高地隙田园管理机，钵苗用移栽机，行距宽窄型插秧机钵体育苗精量播种流水线
4	陈伟青	42	苏州久富农业机械有限公司	宽窄行插秧机秧苗输送系统及宽窄行插秧机，水田作业机，水田平地搅浆机，收割机的差速脱粒滚筒

（续表）

位次	发明人	专利授权量（件）	单位	主要研发内容
5	戴其燕	37	南通富来威农业装备有限公司	仿形蔬菜收获机，电动蔬菜收获机，甘薯切蔓机，薯类收获机窄行高速插秧机，插秧机秧苗监控系统

（三）田间管理机械

选取 17 家田间管理机械代表性企业，检索得到专利 506 件，其中发明专利 91 件，占比 17.98%；实用新型专利 415 件，占比 82.02%。

1. 技术发展趋势

从图 1-8 看，该板块技术发展在 2020 年前大致经历了 2 个阶段。第一阶段是 2010—2014 年，期间专利授权量偏低，历年授权量均低于 40 件。第二阶段是 2015—2019 年，专利授权量总计 272 件，是第一阶段的 2.75 倍。2019 年后，该板块专利授权量比第二阶段有更大的增长幅度，2020 年授权量为 135 件，是 2019 年的 2.14 倍。目前看，该板块正处于技术快速发展阶段。

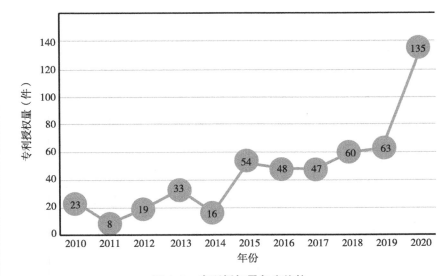

图 1-8 专利授权量年度趋势

2. 技术集中度

从图1-9看，该板块技术研发主要集中于植保药液喷雾装置、安装于活动设备上的浇水装置等技术领域。排名前5位的IPC小类专利授权量总计为196件，占该板块专利授权总量的38.74%。5个技术分支中，历年专利授权量的极大值均产生于2020年，分别是2019年的1.47倍、2.33倍、1.77倍、3.14倍和1.43倍。

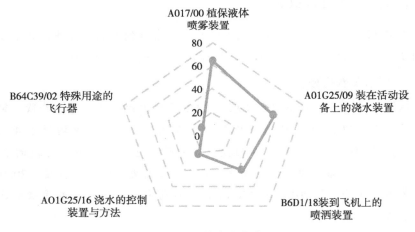

图1-9　技术集中度

3. 重要申请人

江苏华源节水股份有限公司、无锡汉和航空技术有限公司、南通市广益机电有限责任公司、苏州极目机器人科技有限公司、苏州绿农航空植保科技有限公司5家企业位列专利授权量前5。TOP5申请人专利授权量共283件，在17家企业中占比55.93%。TOP5申请人主要研发团队及技术合作情况如表1-5所示。

表1-5　TOP5申请人研发团队和专利合作申请情况

位次	申请人	专利授权量（件）	技术骨干	专利合作申请单位
1	江苏华源节水股份有限公司	80	彭涛、刘培勇、邱志鹏、张金响、林恒、孙守廷	黑龙江省水利科学院、中国矿业大学、中国灌溉排水发展中心、江苏大学
2	无锡汉和航空技术有限公司	65	沈建文、周振飞、张硕、沈建平、朱家乐、郭广宇	—

（续表）

位次	申请人	专利授权量（件）	技术骨干	专利合作申请单位
3	南通市广益机电有限责任公司	51	崔业民、周宏平、许林云、崔华、沈跃、刘慧	南京林业大学、江苏大学、中国人民解放军南京军区军事医学研究所
4	苏州极目机器人科技有限公司	46	刘厚臣、董雪松、周海良、黄继华、李恒、章露	—
5	苏州绿农航空植保科技有限公司	41	孙西义、孙西阔	—

4. 核心发明人

彭涛（江苏华源节水股份有限公司）、崔业民（南通市广益机电有限责任公司）、沈建文（无锡汉和航空技术有限公司）、孙西义（苏州绿农航空植保科技有限公司）、李伟（苏州博田自动化技术有限公司）5 名发明人位列专利授权量前 5。TOP5 发明人专利授权量共 249 件，在 17 家企业中占比 49.21 %，主要研发内容如表 1-6 所示。

表 1-6　TOP5 发明人主要研发内容

位次	发明人	专利授权量（件）	单位	主要研发内容
1	彭涛	78	江苏华源节水股份有限公司	卷盘喷灌机 PE 管安装系统，小型桁架式喷头车，卷盘端 PE 管套接安装单元，滴灌管带打孔方法
2	崔业民	49	南通市广益机电有限责任公司	担架式喷雾机用自动混药装置，高射程喷雾机用喷头，高射程喷雾机用水箱，担架式喷雾机用底架
3	沈建文	42	无锡汉和航空技术有限公司	喷洒农药的电动小型无人直升机，无人直升机可伸缩尾管，无人驾驶机的支撑结构、抽拉式结构、排气装置
4	孙西义	41	苏州绿农航空植保科技有限公司	农用植保飞行器，农用遥控无人植保喷洒机，农用无人机的喷杆结构，多旋翼飞行器的防倾覆起落架
5	李伟	39	苏州博田自动化技术有限公司	基于视觉导航的采摘机器人、农机辅助驾驶导航方法，气吸夹持复合式采摘装置，独立双动力系统喷灌机

(四) 畜牧水产养殖机械

选取 14 家畜牧水产养殖机械代表性企业,检索得到专利 304 件,其中发明专利 22 件,占比 7.24%;实用新型专利 282 件,占比 92.76%。

1. 技术发展趋势

从图 1-10 看,该板块技术发展大致经历 2 个阶段。第一阶段是 2010—2017 年,期间各年度专利授权量均低于 30 件。第二阶段是 2018—2020 年,其中 2018 年专利授权量增长明显,为 2017 年的 2.59 倍;2019 年授权量出现小幅下滑后,2020 年授权量出现了更大幅度增长,达到 106 件,为 2010—2016 年授权量的总和。目前看,该板块正处于技术快速发展阶段。

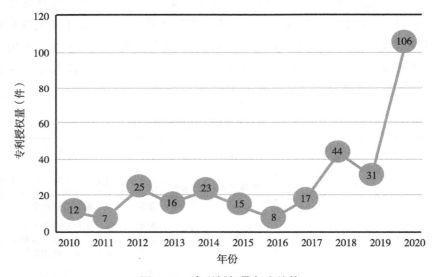

图 1-10 专利授权量年度趋势

2. 技术集中度

从图 1-11 看,该板块技术研发主要集中于制备牲畜饲料的装置、活鱼容器的水处理设备等技术领域。排名前 5 的 IPC 小类专利授权量总计为 103 件,占该板块专利授权总量的 33.88%。5 个技术分支中,历年专利授权量的极大值分别产生于 2020 年、2012 年、2012 年、2020 年和 2020 年,其中制备牲畜饲料装置方面的专利授权量在 2020 年的优势非常明显,是 2019 年的 3.13 倍。

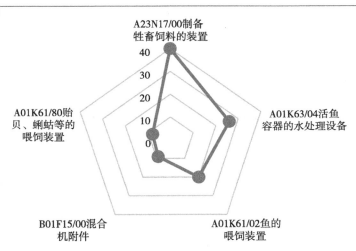

图1-11 技术集中度

3. 重要申请人

江苏丰尚智能科技有限公司、金湖小青青机电设备有限公司、扬州科润德机械有限公司、金湖县华能机电有限公司、常州市宏寰机械有限公司5家企业位列专利授权量前5。TOP5申请人专利授权量共271件，在14家企业中占比89.14％。TOP5申请人主要研发团队及技术合作情况如表1-7所示。

表1-7 TOP5申请人研发团队和专利合作申请情况

位次	申请人	专利授权量（件）	技术骨干	专利合作申请单位
1	江苏丰尚智能科技有限公司	117	姚正伟、朱伟、宋锐、彭君建、张季伟、周翔	广东省农业科学院蚕业与农产品加工研究所
2	金湖小青青机电设备有限公司	48	张晓青、赵建宝、张斌、杨银生、周勇、相恺	—
3	扬州科润德机械有限公司	44	王林昊、郭卫松、程洪波、朱大杰、江波、曾国良	江苏大学
4	金湖县华能机电有限公司	40	嵇成恒、姜乃文、徐在连、邱新斌、徐荟博、杨银生	—
5	常州市宏寰机械有限公司	22	张福平、郑伟	—

4. 核心发明人

张晓青（金湖小青青机电设备有限公司）、嵇成恒（金湖县华能机电有限公司)、王林昊（扬州科润德机械有限公司）、张福平（常州市宏寰机械有限公司）、姚正伟（江苏丰尚智能科技有限公司）5 名发明人位列专利授权量前 5。TOP5 发明人专利授权量共 138 件，在 14 家企业中占比 45.39 %，其主要研发内容如表 1-8 所示。

表 1-8　TOP5 发明人主要研发内容

位次	发明人	专利授权量（件）	单位	主要研发内容
1	张晓青	44	金湖小青青机电设备有限公司	投饲喷射送料装置，增氧机浮体双浮体明轮投饲船，增氧机一体化叶轮，增氧机用箱体，割草机
2	嵇成恒	36	金湖县华能机电有限公司	饲喂螃蟹龙虾的冻鱼饲料投饲机，发酵饲料远程投料系统，无齿轮箱智能变频增氧机系统，广角粉料投饲机
3	王林昊	23	扬州科润德机械有限公司	鱼群防疫方法，小颗粒饲料的烘干系统，烘干冷却一体机，除杂喂料器，物料的涂药烘干系统
4	张福平	22	常州市宏寰机械有限公司	可移动式人工投料小车，袋装物料拆垛卷包输送装置，粉碎机的破筛检测装置，U 型刮板机出料口
5	姚正伟	13	江苏丰尚智能科技有限公司	缓冲斗旋转分配器集成装置，超微粉碎机锤刀齿圈结构、分流系统结构，单轴桨叶式混合机，混合机（内置驱动）

（五）农产品初加工机械

选取 12 家农产品初加工机械代表性企业，检索得到专利 423 件，其中发明专利 48 件，占比 11.35 %；实用新型专利 375 件，占比 88.65 %。

1. 技术发展趋势

从图 1-12 看，该板块技术发展大致经历 3 个阶段。第一阶段是 2010—2013 年，期间各年度专利授权量非常少，技术关注度不高。第二阶段是 2014—2018 年，专利授权量快速增长，技术创新活跃度大幅提高，2018 年授权量达到 87 件，为历年高点。第三阶段是 2019—2020 年，专利授权量逐年降低，年均下降率为 14.23%。初步判断，目前该板块已进入技术饱和或衰退阶段。

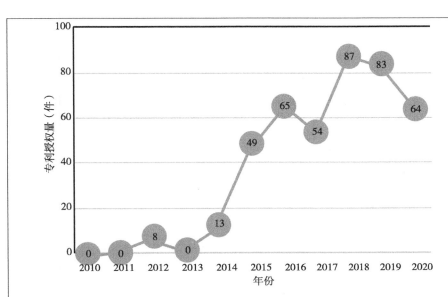

图 1-12 专利授权量年度趋势

2. 技术集中度

从图 1-13 看,该板块技术研发主要集中于消除固体材料中液体的干燥装置,保存、催熟或罐装装置等技术领域。排名前 5 位的 IPC 小类专利授权量总计为 104 件,占该板块专利授权总量的 24.59%。5 个技术分支中,历年专利授权量的极大值分别产生于 2019 年、2018 年、2020 年、2019 年和 2019 年。

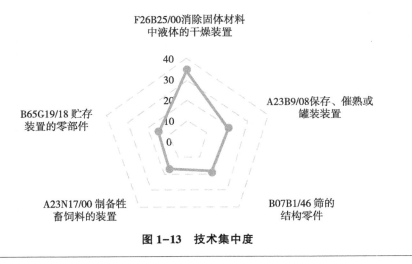

图 1-13 技术集中度

3. 重要申请人

迈安德集团有限公司、四方科技集团股份有限公司、苏州捷赛机械股份有限公司、扬州市仙龙粮食机械有限公司、扬州天扬粮油机械制造有限公司 5 家企业位列专利授权量前 5。TOP5 申请人专利授权量共 365 件，在 12 家企业中占比 86.29 %。TOP5 申请人主要研发团队及技术合作情况如表 1-9 所示。

表 1-9 TOP5 申请人研发团队和专利合作申请情况

位次	申请人	专利授权量（件）	技术骨干	专利合作申请单位
1	迈安德集团有限公司	226	尹越峰、徐静、尹越峰、黄文攀、吕岩峰、常寨成	中储粮油脂工业东莞有限公司
2	四方科技集团股份有限公司	49	周淋会、钱丹、杨长春、朱晓林、陆卫华、张建华	南通四方罐式储运设备有限公司
3	苏州捷赛机械股份有限公司	38	杨辉、王智勇、栗晓题、时彤、李洪岩、彭世魁	—
4	扬州市仙龙粮食机械有限公司	33	周家贵、杨帆、陈宏、陈善兰、徐接娣、赵松林	—
5	扬州天扬粮油机械制造有限公司	19	胡永明，王斌、永明、俞游、张磊、王艳	—

4. 核心发明人

尹越峰（迈安德集团有限公司）、周家贵（扬州市仙龙粮食机械有限公司）、王艳（无锡神谷金穗科技有限公司）、韩网生（江苏晶莹粮食机械制造有限公司）、胡永明（扬州天扬粮油机械制造有限公司）5 名发明人位列专利授权量前 5。TOP5 发明人专利授权量共 130 件，在 12 家企业中占比 30.73%，其主要研发内容如表 1-10 所示。

表 1-10 TOP5 发明人主要研发内容

位次	发明人	专利授权量（件）	单位	主要研发内容
1	尹越峰	49	迈安德集团有限公司	卧式圆盘干燥机，真空式管束干燥机，粉料萃取系统、灭活熟化装置，浸出器的喷淋装置、推料箱、刮板链条机构

（续表）

位次	发明人	专利授权量（件）	单位	主要研发内容
2	周家贵	30	扬州市仙龙粮食机械有限公司	新型卧式打麸机，组合式清理筛，卧式碾剥麦机，新型风道双吸风口清粉机，斗式提升机，螺旋喂料器
3	王艳	23	无锡神谷金穗科技有限公司	低温循环粮食干燥机，谷物交叉流下的干燥机结构、谷物拨粮结构，粮食烘干机用排粮系统，电阻式温度补偿传感装置
4	韩网生	15	江苏晶莹粮食机械制造有限公司	大米分级机，便于上下料的大米加工用滚筒精选机，保障米粒完整性的螺旋输送机，移动式谷糠分离筛
5	胡永明	13	扬州天扬粮油机械制造有限公司	电阻式水分仪，自清斗提机的活动进料机构，料仓滑栅闸门，烘干机用冷热风恒风量调节装置

（六）关键零部件

选取 15 家农机关键零部件代表性企业，检索得到专利 649 件，其中发明专利 53 件，占比 8.17%；实用新型专利 596 件，占比 91.83%。

1. 技术发展趋势

从图 1-14 看，该板块技术发展大致经历 2 个阶段。第一阶段是 2010—

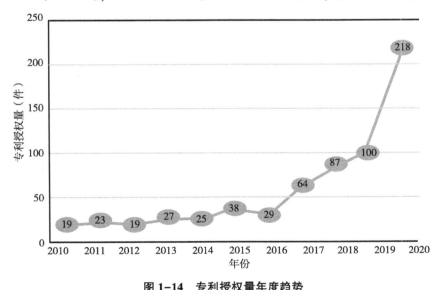

图 1-14　专利授权量年度趋势

2016年，期间各年度专利授权量变化幅度不大，均不超过40件，技术发展较为稳定。第二阶段是2017—2020年，技术创新热度非常高，专利授权量增长明显，年均增长率达50.46%，2020年授权量为历年最高，技术发展呈现快速增长态势。随着技术点的突破，市场需求的增加以及市场化能力的提升，预计该板块技术创新仍将保持较高的活跃度。

2. 技术集中度

从图1-15看，该板块技术研发主要集中于直线油缸、VE泵等技术领域。排名前5位的IPC小类专利授权量总计为141件，占该板块专利授权总量的21.73%。5个技术分支中，历年专利授权量的极大值分别产生于2020年、2020年、2010年、2020年和2019年。

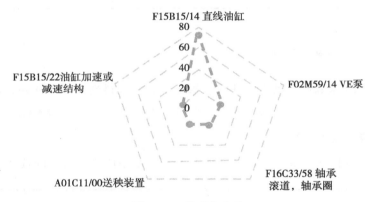

图1-15 技术集中度

3. 重要申请人

江苏恒立液压股份有限公司、丰疆智能科技股份有限公司、常熟长城轴承有限公司、徐州徐轮橡胶有限公司、南京威孚金宁有限公司5家企业位列专利授权量前5。TOP5申请人专利授权量共489件，在15家企业中占比75.35%。TOP5申请人主要研发团队及技术合作情况如表1-11所示。

表1-11 TOP5申请人研发团队和专利合作申请情况

位次	申请人	专利授权量（件）	技术骨干	专利合作申请单位
1	江苏恒立液压股份有限公司	158	汪立平、邱永宁、兰根招、李丹丹、袁飞、叶菁	中车长春轨道客车股份有限公司、江苏恒航液压技术有限公司

（续表）

位次	申请人	专利授权量（件）	技术骨干	专利合作申请单位
2	丰疆智能科技股份有限公司	118	姚远、吴迪、王波、王清泉、张娥、何晓龙	—
3	常熟长城轴承有限公司	87	郭静瑜、沈忠明、蔡旭东、王志良、包建飞、黄立	常州理工学院
4	徐州徐轮橡胶有限公司	65	韦帮凤、张迎秋、陈忠生、睢安全、黄继礼、孙磊	—
5	南京威孚金宁有限公司	61	张振廷、吴国伟、卢业武、刘华勇、何彬、吴雪松	—

4. 核心发明人

汪立平（江苏恒立液压股份有限公司）、姚远（丰疆智能科技股份有限公司）、蒋永年（江苏中农物联网科技有限公司）、郭静瑜（常熟长城轴承有限公司）、李传金（江苏金湖输油泵有限公司）5 名发明人位列专利授权量前 5。TOP5 发明人专利授权量共 261 件，在 15 家企业中占比 40.22%，其主要研发内容如表 1-12 所示。

表 1-12　TOP5 发明人主要研发内容

位次	发明人	专利授权量（件）	单位	主要研发内容
1	汪立平	100	江苏恒立液压股份有限公司	变幅油缸，用于正面吊大臂的伸缩油缸，行程可调的液压缸，增压油缸，细长油缸，插装式单向阀
2	姚远	70	丰疆智能科技股份有限公司	农机驾驶室，喷洒机的水箱，发电机及其保护机构，拖拉机的自动换挡装置，旋转式饲料推送装置
3	蒋永年	36	江苏中农物联网科技有限公司	防止直流电源反接电路的荧光法传感器，小型化荧光法溶解氧传感器，光学溶解氧传感器用测试装置
4	郭静瑜	34	常熟长城轴承有限公司	作用于轴承的径向弹簧圈，罗拉轴承的密封结构，交叉滚子轴承自动注脂装置，滚子轴承振动测量装置
5	李传金	21	江苏金湖输油泵有限公司	具有泄压保护功能、出料均匀功能的转子泵，车桥电动润滑泵，大功率发动机供油泵，输油泵清洗装置

三、企业创新能力综述

1. 企业技术创新能力显著提升

2010—2020 年，江苏农机企业对原始创新和自主攻关投入不断加大，发明专利等科研阶段性产出增长明显，专利授权量年均增长率达 27.60%，企业创新主体地位进一步强化。

2. 创新型农机企业加快发展壮大

迈安德集团有限公司、江苏清淮机械有限公司等一批领军企业发挥了技术创新主力军的作用，各板块 TOP5 申请人专利授权量在专利总量的占比平均达 72.27%，具备牵头组建创新联合体的科研实力。

3. 细分领域创新活跃度不均

农用动力机械及通用机械、田间管理机械、畜牧水产养殖机械、关键零部件等领域正处于技术快速发展阶段，创新势头强劲。但农产品初加工机械领域已有进入技术饱和或衰退的迹象，耕整地及种植机械领域则呈现波动发展态势。

4. 行业整体创新水平有待提升

从全行业看，发明专利授权量在专利总量中的占比仅为 9.42%，明显偏低。从细分领域来看，农用动力机械及通用机械、田间管理机械、农产品初加工机械等领域发明专利占比高于江苏全省农机行业平均水平，表现相对较好；耕整地及种植机械、畜牧水产养殖机械、关键零部件等领域则表现偏弱。

报告二：2021 江苏省农机创新主体创新动态

专利是准确识别技术机会、顺利开展技术创新活动的重要前提，也是技术创新的重要阶段性产出，反映了产业技术创新活跃程度。作为公开技术源，专利文献包含了 90%~95% 的技术信息，具备权威性和时效性，是掌握行业技术创新状况和发展趋势的重要工具。

为准确把握 2021 年江苏农机科研院所、高校、企业等创新主体技术创新动态，以 2021 年 1 月 1 日至 2021 年 12 月 31 日申请的国内发明、PCT 国际专利和已授权的专利作为研究对象。采用国家知识产权局数据库、INCO-

PAT 专利数据库，重点针对耕整地装备及部件、种植装备及部件、田间管理装备及部件、收获装备及部件、智能农机及系统 5 个技术领域，分析江苏农机重要创新主体及重要创新团队的年度创新活动，同时比较江苏重要创新主体与国内外优势创新主体在各技术领域专利质量上的优劣势，客观评价江苏农机创新主体创新活动现状，为科学决策提供信息支撑。

《国际专利分类表》（IPC 分类）根据 1971 年签订的《国际专利分类斯特拉斯堡协定》编制，是国际通用的专利文献分类和检索工具。IPC 分类是目前国际上唯一通用的专利文献分类工具，它采用功能性为主、应用性为辅的五级分类原则，即部、大类、小类、大组和小组。专利数集中的 IPC 类组通常是技术研发的活跃区域。在对江苏农机创新主体进行研发热点分析时，采用 IPC 小组对专利数据进行分类统计，且只针对排名前 10 的 IPC 小组进行分析。

发明专利是指对产品、方法或者其改进所提出的新的技术方案，具备新颖性、创造性和实用性等特征。实用新型专利是指对产品的形状、构造或者其结合所提出的适于实用的新的技术方案。发明专利在某种程度上更能表征技术创新水平，因此将发明专利授权量在授权专利总量中的占比作为评判创新主体创新能力的指标之一。

PCT 是《专利合作条约》（Patent Cooperation Treaty）的英文缩写，是有关专利的国际条约。根据 PCT 的规定，专利申请人可以通过 PCT 途径递交国际专利申请，向多个国家申请专利。作为国内创新主体在海外寻求专利保护的主要途径之一，PCT 国际专利申请正受到越来越多创新主体的关注。PCT 国际专利申请是衡量创新主体国际竞争力的重要标尺，因此将 PCT 国际专利申请量作为评判创新主体创新能力的重要指标。

重要创新主体是指专利授权量排名前 10 位的申请人。重要创新团队是指专利授权量排名前 5 位、以第一发明人为核心的科研团队，当排名前 5 位的第一发明人隶属同一单位时，仅针对专利授权量排名第 1 位的发明人进行分析，其他发明人依次顺延。

为明确江苏农机创新主体在全国的占位，采用技术先进性、技术稳定性、保护范围 3 个指标进行评判。INCOPAT 是一个将全球发明智慧深度整合，提供科技创新情报的平台。INCOPAT 中，技术稳定性主要通过稳定性好、无诉讼行为发生、未发生过质押保全申请人、未提出过复审请求，未被申请无效宣告等方面衡量；技术先进性主要通过该专利及其同族专利在全球被引用的次数、是否发生许可或转让等方面衡量；保护范围主要通过专利拥有的权利要求数量、剩余有效期、在国家/组织/地区专利布局情况等方面衡量。这3项指标满分值均为10分。本研究中，将技术先进性得分大于8分、技术稳定性得分大于8分、保护范围得分大于6分的专利分别认定为高技术先进性专利、高技术稳定性专利和强保护范围专利。

一、耕整地装备及部件

以"耕地、整地、耕整、旋耕、深松、深耕、深旋、开沟、起垄、水田打浆、埋茬、圆盘耙、犁"为主要关键词结合专利分类号构建专利检索式。

（一）专利申请与授权情况

2021年，在耕整地装备及部件领域，江苏省农机创新主体发明申请量为227件；PCT国际专利申请量为3件；授权专利总量为424件，其中发明专利92件，实用新型专利332件，发明专利占比21.70%。如图1-16和图1-17所示，与2020年相比，发明申请量较上年降低23.82%；PCT国际专利申请量减少5件；专利授权总量增长19.44%，其中发明专利授权量增长39.39%，实用新型专利授权量增长14.88%，发明专利占比提高3.11%。

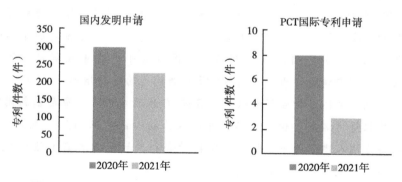

图1-16　2020—2021年江苏耕整地装备及部件专利申请情况对比

从全国看，2021年耕整地装备及部件领域的发明申请量为2 399件；PCT国际专利申请量为79件；授权专利总量为4 578件，其中发明专利1 014件，实用新型专利3 564件，发明专利占比22.15%。江苏农机创新主

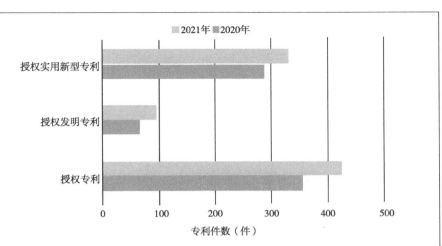

图1-17 2020—2021年江苏耕整地装备及部件专利授权情况对比

体发明申请量、PCT国际专利申请量、授权专利总量、授权发明专利量、授权实用新型专利量在全国的占比分别为9.46%、3.79%、9.26%、9.07%、9.32%。从图1-18专利结构分布看，江苏发明专利在专利总量中的占比略低于全国水平。

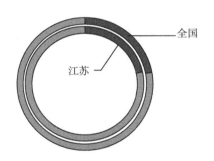

图1-18 2021年全国与江苏耕整地装备及部件专利结构分布对比

如图1-19所示，江苏该领域技术研发热点聚焦于A01B49/06（播种或施肥用的整地机械或部件）、A01C5/06（用于播种或种植的开沟、作畦或覆盖沟、畦的机械）、A01B49/02（带两件或多件不同类型的整地工作部件）、A01B49/04（整地部件与非整地部件，例如播种部件的组合）、A01B33/08（整地工作部件；零件，例如传动装置或齿轮装置）、A01B33/

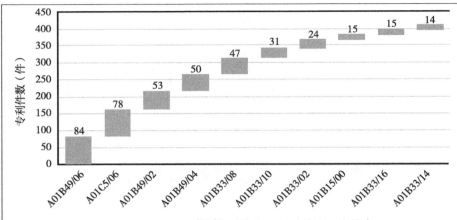

图1-19　2021年江苏耕整地装备及部件技术研发热点

10（整地工作部件的结构或功能特点）、A01B33/02（安装在与行进方向呈横向的水平轴上的工作部件）、A01B15/00（犁的构件、工作部件或零件）、A01B33/16（带专用附属装置的带驱动式旋转工作部件的耕作机具）、A01B33/14（工作部件与旋转轴的联结，例如弹性联结的工作部件）等技术内容。其中在技术集中度最高的A01B49/06中，专利授权量排名前2位的创新主体分别是农业农村部南京农业机械化研究所和泰州樱田农机制造有限公司；在技术集中度次之的A01C5/06中，位列前2位的创新主体分别是泰州樱田农机制造有限公司和农业农村部南京农业机械化研究所。

（二）优势研发单位

从江苏看，在耕整地装备及部件领域，农业农村部南京农业机械化研究所、连云港大陆农业机械装备有限公司、泰州樱田农机制造有限公司、江苏金云农业装备有限公司、江苏神农农业装备有限公司、扬州大学、连云港市东堡旋耕机械有限公司、江苏大学、徐州中阳农业机械有限公司、南京农业大学10家单位，位列专利授权量前10位，是该领域最重要的创新主体，见图1-20。TOP10申请人专利授权量共102件，在江苏全省专利授权总量中的占比为24.06%。在10家重要创新主体中，科研院所为1家，大学为3家，企业为6家。

从全国看，在耕整地装备及部件领域，广西壮族自治区农业科学院、中国农业大学、华中农业大学、农业农村部南京农业机械化研究所、昆明理工大学、河北农业大学、塔里木大学、青岛农业大学、山东农业大学和

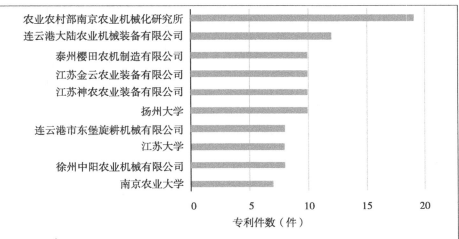

图 1-20　2021 年耕整地装备及部件江苏 Top10 创新主体

甘肃农业大学，位列专利授权量前 10 位，是该领域最重要的创新主体。如表 1-13 所示，专利授权量方面，广西壮族自治区农业科学院最多，中国农业大学次之，其中广西壮族自治区农业科学院集中在甘蔗深松、开沟、整地机具创新研发。高技术先进性专利占比方面，山东农业大学最高，中国农业大学次之。高技术稳定性专利占比方面，华中农业大学最高，广西壮族自治区农业科学院次之。强保护范围专利占比方面，华中农业大学和中国农业大学位列前 2 位。江苏仅有农业农村部南京农业机械化研究所上榜，其专利授权量、高技术先进性专利占比、高技术稳定性专利占比、强保护范围专利占比在 TOP10 中分别位列第 3（并列）、第 3、第 7 和第 3。

表 1-13　2021 年耕整地装备及部件全国 TOP10 创新主体

序号	创新主体名称	专利授权量（件）	高技术先进性专利占比（%）	高技术稳定性专利占比（%）	强保护范围专利占比（%）
1	广西壮族自治区农业科学院	40	12.50	52.50	52.50
2	中国农业大学	25	20.00	44.00	60.00
3	华中农业大学	20	5.00	65.00	75.00
4	农业农村部南京农业机械化研究所	20	15.00	30.00	55.00
5	昆明理工大学	19	0.00	36.84	31.28
6	河北农业大学	19	0.00	5.26	47.37
7	塔里木大学	18	5.26	27.78	38.89

（续表）

序号	创新主体名称	专利授权量（件）	高技术先进性专利占比（%）	高技术稳定性专利占比（%）	强保护范围专利占比（%）
8	青岛农业大学	17	5.88	35.29	52.94
9	山东农业大学	14	21.43	50.00	28.57
10	甘肃农业大学	14	14.28	21.43	35.71

（三）优势创新团队

表 1-14 列出了江苏创新主体在耕整地装备及部件领域的优势创新团队。

表 1-14 2021 年耕整地装备及部件江苏 TOP5 创新团队

序号	创新团队	所属单位	专利授权量（件）	主要研发内容
1	陈学雷团队	连云港大陆农业机械装备有限公司	12	旋耕机用的筑垄装置，旋耕机用的施肥装置，起垄机用的松土装置、碎土装置，旋耕机双组刀轴机构，旋耕机用的防尘装置
2	冯亦工团队	江苏神农农业装备有限公司	10	可碎土的新型松土犁，可调节间距的双盘开沟机，不易堵塞的旋耕施肥播种机，单圆盘便于拆装开沟刀的开沟机，旋耕机高度调节装置
3	司良永团队	江苏金云农业装备有限公司	10	可拆卸式农用旋耕机，旋耕深度可调的旋耕机，旋耕机的密封保护装置，旋耕施肥播种机用的防滑装置
4	奚小波团队	扬州大学	10	深松镇压装置，灭茬深松装置，农作物耕作工艺，播种覆土镇压复合作业机
5	张文毅团队	农业农村部南京农业机械化研究所	9	适于稻茬田黏重土壤的小麦条播机用整地机构，甘薯薯苗投苗覆土镇压装置，全环节机械化的甘薯移栽机

二、种植装备及部件

以"播种、种植、栽植、插植、栽插、移栽、插秧、抛秧、送秧、推秧、输种、导种、投种、排种、清种、播深、插深、栽深、取苗、送苗、机械式、气力式、气吸式、开沟器、直播机"为主要关键词，结合专利分类号构建专利检索式。

（一）专利申请与授权情况

2021 年，在种植装备及部件领域，江苏省农机创新主体发明申请量为 226 件；PCT 国际专利申请量 3 件；授权专利总量为 428 件，其中发明专利 97 件，实用新型专利 331 件，发明专利占比 22.67%。如图 1-21 和图 1-22 所示，与 2020 年相比，发明申请量较上年降低 24.67%；PCT 申请量减少 5 件；专利授权总量增长 12.04%，其中发明专利授权量增长 61.67%，实用新型专利授权量增长 2.79%，发明专利占比提高 6.96%。

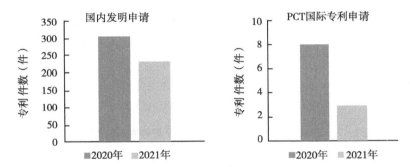

图 1-21 2020—2021 年江苏种植装备及部件专利申请情况对比

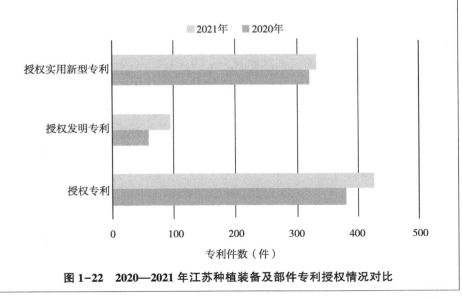

图 1-22 2020—2021 年江苏种植装备及部件专利授权情况对比

从全国看，2021 年种植装备及部件领域的发明申请量为 2 063 件；PCT 国际专利申请量为 77 件；授权专利总量为 6 430 件，其中发明专利 1 004 件，实用新型专利 5 426 件，发明专利占比 15.61%。江苏农机创新主体发明申请量、PCT 国际专利申请量、授权专利总量、授权发明专利量、授权实用新型专利量在全国的占比分别为 10.96%、1.30%、6.66%、9.66%、6.10%。从图 1-23 专利结构分布看，江苏发明专利在专利总量中的占比高于全国水平 7.1 个百分点。

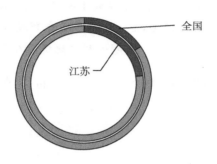

图 1-23 2021 年全国与江苏种植装备及部件专利结构分布对比

如图 1-24 所示，江苏该领域技术研发热点聚焦于 A01C7/20（导种和播种的零件）、A01C5/04（用于播种或种植的挖掘或覆盖坑穴的机械）、A01C11/02（种苗）、A01C5/06（用于播种或种植的开沟、作畦或覆盖沟、畦的机械）、A01C7/00（播种）、A01B49/06（播种或施肥用）、A01C11/00（移栽机械）、A01C15/00（施肥机械）、A01C7/06（与施肥装置组合的播种机）、A01C7/08（撒播播种机；条播播种机）等技术内容。其中在技术集中度最高的 A01C7/20 中，专利授权量排名前 2 位的创新主体分别是农业农村部南京农业机械化研究所和淮安琼林科技有限公司；在技术集中度次之的 A01C5/04 中，位列前 2 位的创新主体分别是南京林业大学和常州市风雷精密机械有限公司。

（二）优势研发单位

从江苏看，在种植装备及部件领域，农业农村部南京农业机械化研究所、南京林业大学、江苏大学、泰州樱田农机制造有限公司、扬州大学、常州市风雷精密机械有限公司、江苏省农业科学院、南京农业大学、淮安

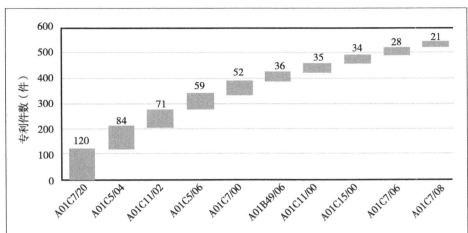

图 1-24　2021 年江苏种植装备及部件技术研发热点

琼林科技有限公司、润禾（镇江）农业装备有限公司 10 家单位，位列专利授权量前 10，是该领域最重要的创新主体，见图 1-25。TOP10 申请人专利授权量共 128 件，在江苏全省专利授权总量中的占比为 29.91%。10 家重要创新主体中，科研院所为 2 家，大学为 3 家，企业为 5 家。

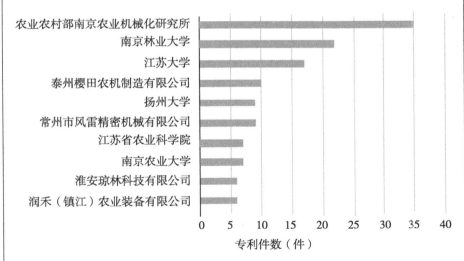

图 1-25　2021 年种植装备及部件江苏 Top10 创新主体

从全国看，在种植装备及部件领域，农业农村部南京农业机械化研究所、广西壮族自治区农业科学院、中国农业大学、东北农业大学、甘肃农业大学、昆明理工大学、西北农林科技大学、南京林业大学、河北农业大学和山东省农业机械科学研究院,位列专利授权量前10,是该领域最重要的创新主体。如表1-15所示,专利授权量方面,农业农村部南京农业机械化研究所最多,广西壮族自治区农业科学院次之。高技术先进性专利占比方面,山东省农业机械科学研究院最高,广西壮族自治区农业科学院次之。高技术稳定性专利占比方面,昆明理工大学最高,中国农业大学次之。强保护范围专利占比方面,山东省农业机械科学研究院和南京林业大学位列前2位。江苏共有2家创新主体上榜,分别是农业农村部南京农业机械化研究所和南京林业大学,其中农业农村部南京农业机械化研究所的专利授权量、高技术先进性专利占比、高技术稳定性专利占比、强保护范围专利占比在TOP10中分别位列第1、第5、第3和第3,南京林业大学分别位列第8、第6、第8和第2。

表1-15　2021年种植装备及部件全国TOP10创新主体

序号	创新主体名称	专利授权量（件）	高技术先进性专利占比（%）	高技术稳定性专利占比（%）	强保护范围专利占比（%）
1	农业农村部南京农业机械化研究所	35	5.71	42.86	57.14
2	广西壮族自治区农业科学院	33	10.00	22.50	52.50
3	中国农业大学	32	9.38	46.88	56.26
4	东北农业大学	30	3.33	36.67	0.00
5	甘肃农业大学	30	6.66	10.00	26.67
6	昆明理工大学	24	0.00	50.00	33.33
7	西北农林科技大学	24	0.00	4.17	12.50
8	南京林业大学	22	4.55	9.09	63.64
9	河北农业大学	21	0.00	4.76	52.38
10	山东省农业机械科学研究院	20	20.00	35.00	90.00

（三）优势创新团队

表1-16列出了江苏创新主体在种植装备及部件领域的优势创新团队。

表 1-16　2021 年种植装备及部件江苏 TOP5 创新团队

序号	创新团队	所属单位	专利授权量（件）	主要研发内容
1	张文毅团队	农业农村部南京农业机械化研究所	24	乘用型水稻大苗插秧机，气送式种子精量排种装置，滚筒式气力排种装置，机械平动齿轮式精准播种装置，转盘式甘薯植苗机构
2	胡建平团队	江苏大学	12	自动移栽机用移苗分散机构，适用于中间可提升开沟播种机的补种装置，窝眼轮式高速精播蔬菜排种器，移栽机用喂苗植苗装置
3	李风雷团队	常州市风雷精密机械有限公司	9	水稻精量播种育秧生产装置，育苗播种用移栽定植装置，带压坑机构的育苗播种装置，育苗播种机用土料回收装置
4	豆琼森团队	淮安琼林科技有限公司	9	基于传感装置的湿烂田用全自动小麦播种机，湿烂田用小麦播种机排肥装置、种子分配装置、悬挂装置、开沟器
5	张一帅团队	太仓市项氏农机有限公司	5	全秸秆茬地洁区旋耕智能深施肥播种机，具有防卡结构的蚕豆排种器，适用于棉花种子和小麦种子的多功能排种器

三、田间管理装备及部件

以"中耕、植保、除草、施肥、施药、喷洒、喷雾、喷头、喷杆、灌溉、滴灌、微灌、土壤消毒、开沟、筑垄、排肥、撒肥、追肥、修剪、套袋、疏花疏果、覆膜、定植、水肥一体化"为主要关键词，结合专利分类号构建专利检索式。

（一）专利申请与授权情况

2021 年，在田间管理装备及部件领域，江苏省农机创新主体发明申请量为 651 件；PCT 国际专利申请量为 12 件；授权专利总量为 1 401 件，其中发明专利 306 件，实用新型专利 1 095 件，发明专利占比 21.84%。如图 1-26 和图 1-27 所示，与 2020 年相比，发明申请量较上年降低 18.83%；PCT 申请量减少 15 件；专利授权总量增长 23.98%，其中发明专利授权量增长 74.85%，实用新型专利授权量增长 14.66%，发明专利占比提

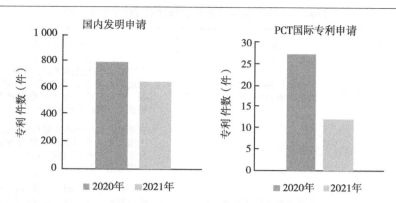

图 1-26　2020—2021 年江苏田间管理装备及部件专利申请情况对比

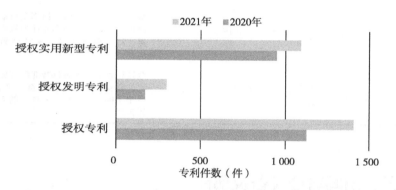

图 1-27　2020—2021 年江苏田间管理装备及部件专利授权情况对比

高 6.35%。

从全国看，2021 年田间管理装备及部件领域的发明申请量为 6 341 件；PCT 国际专利申请量为 487 件；授权专利总量为 18 039 件，其中发明专利 2 985 件，实用新型专利 15 054 件，发明专利占比 16.52%。江苏农机创新主体发明申请量、PCT 国际专利申请量、授权专利总量、授权发明专利量、授权实用新型专利量在全国的占比分别为 10.27%、2.46%、7.75%、10.25%、7.26%。从图 1-28 专利结构分布看，江苏发明专利在专利总量中的占比高于全国水平 5.3 个百分点。

如图 1-29 所示，江苏该领域技术研发热点聚焦于 A01M7/00（液体喷雾设备的专门配置）、A01C23/04（撒布泥肥；施用液肥的浇水系统）、A01G25/02（使用多孔管道或带喷头管道安装在地上的浇水装置）、A01G25/09（使用装在轮子等活动设备上的浇水装置）、A01G25/16（浇水的控制）、

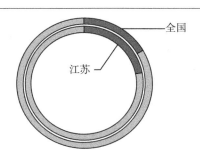

全国

江苏

■ 授权发明专利   ■ 授权实用新型专利

图1-28 2021年全国与江苏田间管理装备及部件专利结构分布对比

A01B49/06（播种或施肥用的部件）、A01C15/00（施肥机械）、A01C23/00（专门适用于液体厩肥或其他液体肥料，包括氨水的撒布装置，例如运输罐、喷洒车）、B05B15/25（搅动喷射材料的设备，例如搅拌、混合或均化用活动元件）、A01G31/02（水培或无土栽培所用专门设备）等技术内容。其中在技术集中度最高的A01M7/00中，专利授权量排名前2位的分别是江苏大学和南京林业大学；在技术集中度次之的A01C23/04中，位列前2位的创新主体分别是南京林业大学和AWL农业科技（泰州）有限公司。

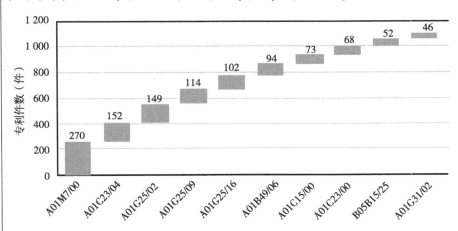

图1-29 2021年江苏田间管理装备及部件技术研发热点

（二）优势研发单位

从江苏看，在田间管理装备及部件领域，南京林业大学、扬州大学、江苏大学、南京农业大学、农业农村部南京农业机械化研究所、江苏省农业科学院、江苏华源节水股份有限公司、河海大学、连云港市农业科学院、张家港果匠新农人农业技术发展有限公司10家单位,位列专利授权量前10位,是该领域最重要的创新主体,见图1-30。TOP10申请人专利授权量共244件,在江苏全省专利授权总量中的占比为17.42%。在10家重要创新主体中,科研院所为3家,大学为5家,企业为2家。

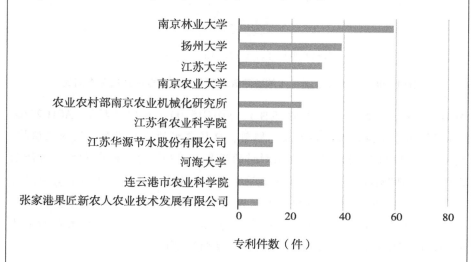

图1-30 2021年田间管理装备及部件江苏Top10创新主体

从全国看,在田间管理装备及部件领域,广西壮族自治区农业科学院、南京林业大学、河北农业大学、扬州大学、四川农业大学、华南农业大学、甘肃农业大学、中国农业大学、西北农林科技大学和江苏大学,位列专利授权量前10位,是该领域最重要的创新主体。如表1-17所示,专利授权量方面,广西壮族自治区农业科学院最多,南京林业大学次之,其中,广西壮族自治区农业科学院聚焦除草、施肥、施药、灌溉机具创新研发。高技术先进性专利占比方面,华南农业大学最高,扬州大学次之。高技术稳定性专利占比方面,江苏大学最高,华南农业大学次之。强保护范围专利占比方面,江苏大学和中国农业大学位列前2位。江苏共有3家创新主体上榜,分别是南京林业大学、扬州大学和江苏大学。其中南京林业大学的专利授权量、高技术先进性专利占比、高技术稳定性专利占比、强保护范围专利占比在TOP10中分别位列第2、第7、第7和第7位;扬州大学分别位列第4、第2、第4和第6;江苏大学分别位列第10、第5、第1和第1位,其在专利的技术稳定性和保护范围方面表现抢眼。

表1-17　2021年田间管理装备及部件全国TOP10创新主体

序号	创新主体名称	专利授权量（件）	高技术先进性专利占比（%）	高技术稳定性专利占比（%）	强保护范围专利占比（%）
1	广西壮族自治区农业科学院	106	12.26	33.02	46.23
2	南京林业大学	59	8.47	20.34	27.12
3	河北农业大学	44	2.27	11.36	38.64
4	扬州大学	39	12.82	51.28	35.90
5	四川农业大学	38	5.26	28.95	26.32
6	华南农业大学	36	16.67	80.56	55.56
7	甘肃农业大学	36	8.34	16.67	19.44
8	中国农业大学	35	11.43	60	57.14
9	西北农林科技大学	33	9.09	12.12	24.24
10	江苏大学	32	9.38	81.25	65.63

（三）优势创新团队

表1-18列出了江苏创新主体在田间管理装备及部件领域的优势创新团队。

表1-18　2021年田间管理装备及部件江苏TOP5创新团队

序号	创新团队	所属单位	专利授权量（件）	主要研发内容
1	奚小波团队	扬州大学	15	株间除草机，行间除草施肥装置，行间施肥机，修剪机用位置调节装置，多功能修剪作业机，喷雾辅助结构
2	彭涛团队	江苏华源节水股份有限公司	10	具有可自行走喷头车的卷盘喷灌机，喷灌一体机使用方法，喷头车自分离式卷盘喷灌机，自吸式液压卷盘喷灌机的使用方法
3	钱峰团队	张家港果匠新农人农业技术发展有限公司	8	草莓种植用养料喷洒装置，西瓜种植用移动式养料供给装置，葡萄种植用枝苗修剪装置、喷洒装置，水果种植用湿度控制装置
4	王进强团队	江苏龙润灌排有限公司	8	卷筒自动收卷的喷灌机，谷物育苗用喷灌机，施肥用水肥喷灌机，卷盘式喷灌机的防堵机构，卷盘式喷灌机用喷头升降装置

(续表)

序号	创新团队	所属单位	专利授权量（件）	主要研发内容
5	李伟团队	江苏佳润喷灌设备有限公司	7	旋耕起垄施肥覆膜机，比例施肥器的混液机构，水肥一体化卷盘式喷灌机，移动式卷盘喷灌机，浇地自走式喷头车

四、收获装备及部件

以"收割、收获、收集、摘穗、摘果、切割、割晒、割捆、喂入、挖掘、分离、脱粒、捡拾、筛分、低损、输送、清选、采收、采摘、割刀、割台"为主要关键词，结合专利分类号构建专利检索式。

（一）专利申请与授权情况

2021年，在收获装备及部件领域，江苏省农机创新主体发明申请量为330件；PCT国际专利申请量为17件；授权专利总量为732件，其中发明专利217件，实用新型专利515件，发明专利占比29.64%。如图1-31和图1-32所示，与2020年相比，发明申请量较上年增长7.14%；PCT申请量增加13件；专利授权总量增长24.49%，其中发明专利授权量增长92.04%，实用新型专利授权量增长8.42%，发明专利占比提高10.43%。

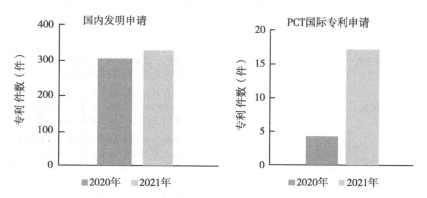

图1-31 2020—2021年江苏收获装备及部件专利申请情况对比

从全国看，2021年收获装备及部件领域的发明申请量为2 065件；PCT国际专利申请量为184件；授权专利总量为6 889件，其中发明专利1 236

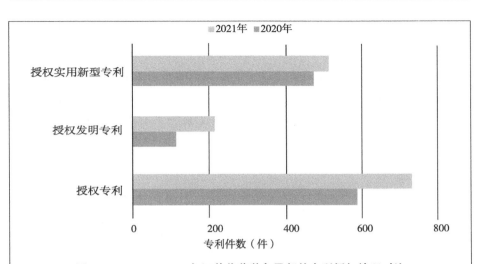

图 1-32 2020—2021 年江苏收获装备及部件专利授权情况对比

件，实用新型专利 5 653 件，发明专利占比 17.94%。江苏农机创新主体发明申请量、PCT 国际专利申请量、授权专利总量、授权发明专利量、授权实用新型专利量在全国的占比分别为 15.98%、9.24%、10.63%、17.56%、9.11%。从图 1-33 专利结构分布看，江苏发明专利在专利总量中的占比高于全国水平 11.7 个百分点。

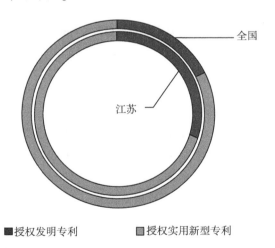

图 1-33 2021 年全国与江苏收获装备及部件专利结构分布对比

如图 1-34 所示，江苏该领域技术研发热点聚焦于 A01D41/12（联合收割机的零件）、A01F12/44（谷物清选机；谷物分离机）、A01D46/00（水果、蔬菜、啤酒花或类似作物的采摘；振摇树木或灌木的装置）、A01F29/

09（专门适用于切割干草、禾秆或类似物的切割设备零件）、A01D45/00（生长作物的收获）、A01F12/18（脱粒装置）、A01D46/22（篮子或袋子可附装在采摘机上的）、A01D46/247（手动操作的水果采摘工具）、A01D45/02（玉米收获）、A01F29/02（带有旋转刀，刀刃平面垂直于其旋转轴的切割设备）等技术内容。其中在技术集中度最高的 A01D41/12 和次高的 A01F12/44 中，专利授权量排名前 2 位的创新主体均是江苏大学和江苏沃得农业机械股份有限公司。

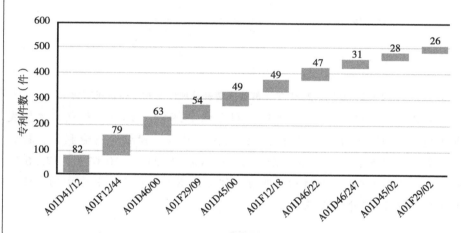

图 1-34　2021 年江苏收获装备及部件技术研发热点

（二）优势研发单位

从江苏看，在收获装备及部件领域，江苏大学、江苏沃得农业机械股份有限公司、农业农村部南京农业机械化研究所、南京林业大学、盐城工业职业技术学院、扬州大学、南京农业大学、江苏农牧科技职业学院、常州常发重工科技有限公司、井关农机（常州）有限公司 10 家单位，位列专利授权量前 10，是该领域最重要的创新主体，见图 1-35。TOP10 申请人专利授权量共 237 件，在江苏省专利授权总量中的占比为 32.38%。在 10 家重要创新主体中，科研院所为 1 家，大学为 6 家，企业为 3 家。

从全国看，在收获装备及部件领域，江苏大学、潍柴雷沃重工股份有限公司、江苏沃得农业机械股份有限公司、株式会社久保田、西北农林科技大学、甘肃农业大学、中国农业大学、农业农村部南京农业机械化研究所、青岛农业大学和东北农业大学，位列专利授权量前 10，是该领域最重

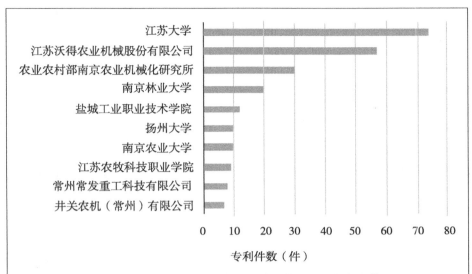

图 1-35 2021 年收获装备及部件江苏 Top10 创新主体

要的创新主体。如表 1-19 所示，专利授权量方面，江苏大学最多，潍柴雷沃重工股份有限公司次之。高技术先进性专利占比方面，株式会社久保田最高，江苏大学次之。高技术稳定性专利占比方面，江苏大学最高，农业农村部南京农业机械化研究所次之。强保护范围专利占比方面，潍柴雷沃重工股份有限公司和株式会社久保田位列前 2。江苏共有 3 家创新主体上榜，分别是江苏大学、江苏沃得农业机械股份有限公司和农业农村部南京农业机械化研究所。其中，江苏大学的专利授权量、高技术先进性专利占比、高技术稳定性专利占比、强保护范围专利占比在 TOP10 中分别位列第 1、第 2、第 1 和第 4 位；江苏沃得农业机械股份有限公司分别位列第 3、第 10、第 10 和第 6 位；农业农村部南京农业机械化研究所分别位列第 8、第 4、第 2 和第 3 位。

表 1-19 2021 年收获装备及部件全国 TOP10 创新主体

序号	创新主体名称	专利授权量（件）	高技术先进性专利占比（%）	高技术稳定性专利占比（%）	强保护范围专利占比（%）
1	江苏大学	74	18.91	77.03	78.83
2	潍柴雷沃重工股份有限公司	65	0.00	3.08	96.92
3	江苏沃得农业机械股份有限公司	57	0.00	0.00	43.85

（续表）

序号	创新主体名称	专利授权量（件）	高技术先进性专利占比（%）	高技术稳定性专利占比（%）	强保护范围专利占比（%）
4	株式会社久保田	55	61.82	38.18	83.64
5	西北农林科技大学	39	5.13	0.00	0.00
6	甘肃农业大学	33	3.03	9.09	24.24
7	中国农业大学	31	6.45	51.61	64.52
8	农业农村部南京农业机械化研究所	30	13.33	76.69	80.00
9	青岛农业大学	29	13.79	24.14	17.24
10	东北农业大学	24	0.00	41.61	0.00

（三）优势创新团队

表 1-20 列出了江苏创新主体在收获装备及部件领域的优势创新团队。

表 1-20　2021 年收获装备及部件江苏 TOP5 创新团队

序号	创新团队	所属单位	专利授权量（件）	主要研发内容
1	李耀明团队	江苏大学	42	自锁液压式变直径脱粒滚筒及联合收割机，再生稻闭式脱粒分离装置及再生稻收获机，抑制多滚筒脱粒振动的正时传动系统和谷物联合收割机，巨型稻离心清选漏斗筛装置和收获机
2	丁启东团队	江苏沃得农业机械股份有限公司	16	应用于倒伏玉米收割的割台机构，新型的花生收获机摘果滚筒机构，玉米收获机剥皮机用六棱抛送辊装置，玉米籽粒清选机构
3	张嘉泰团队	徐州盛斗士生物科技有限公司	13	草莓采摘一体衣装置，金樱子涌动式糖化自捶打全分离采摘车，鬼箭羽气流拨动选择性定位无损采收分离车，树莓采摘即时分类包装车
4	张彬团队	农业农村部南京农业机械化研究所	12	自走式工业大麻收获机，高茎秆作物收获用捆扎装置，甘蔗收割机的输送结构，高秆作物立姿输送机，苎麻收割机的承接底盘
5	王国强团队	江苏农牧科技职业学院	7	联合收割机卸粮装置、多功能操作手柄装置，基于移动终端的收割机割台升高锁定控制装置，稻麦联合收割机脱粒分离装置

五、智能农机及系统

以"传感器、无人驾驶、机器人、无人机、信息感知、自主导航、处方图、专家决策、智能农机、信息感知、自主作业、智能控制、变量控制"为主要关键词，结合专利分类号构建专利检索式。

（一）专利申请与授权情况

2021年，在智能农机及系统领域，江苏省农机创新主体发明申请量为483件；PCT国际专利申请量为11件；授权专利总量为902件，其中发明专利224件，实用新型专利678件，发明专利占比24.83%。如图1-36和图1-37所示，与2020年相比，发明申请量较上年减少4.92%；PCT申请量减少16件；专利授权总量增长25.10%，其中发明专利授权量增长113.33%，实用新型专利授权量增长10.06%，发明专利占比提高10.27%。

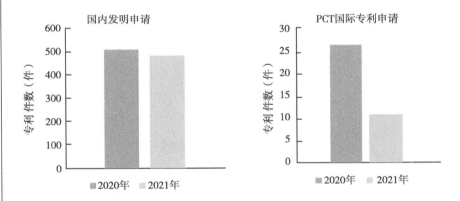

图1-36　2020—2021年江苏智能农机及系统专利申请情况对比

从全国看，2021年智能农机及系统领域的发明申请量为3 246件；PCT国际专利申请量为615件；授权专利总量为8 588件，其中发明专利1 472件，实用新型专利7 116件，发明专利占比17.14%。江苏农机创新主体发明申请量、PCT国际专利申请量、授权专利总量、授权发明专利量、授权实用新型专利量在全国的占比分别为14.88%、1.79%、10.50%、15.22%、9.53%。从图1-38专利结构分布看，江苏发明专利在专利总量中的占比高于全国水平7.7个百分点。

如图1-39所示，江苏该领域研发热点聚焦于A01M7/00（用于动物捕

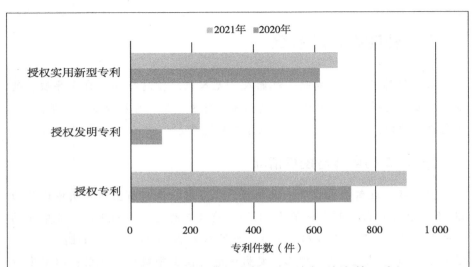

图1-37 2020—2021年江苏智能农机及系统专利授权情况对比

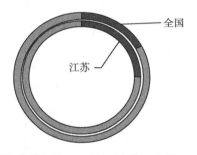

图1-38 2021年全国与江苏智能农机及系统专利结构分布对比

捉、诱捕的液体喷雾设备的专门配置)、A01G9/24（温室、促成温床或类似物等用的加热、通风、调温或浇水装置)、B64D1/18（用于与飞机配合或装到飞机上的喷射设备)、A01G25/16（浇水的控制)、A01G27/00（自动浇水装置)、A01G9/02（用于蔬菜、花卉、稻、果树、葡萄等的栽培或浇水容器)、A01G9/14（温室)、A01C23/04（撒布泥肥，施用液肥的浇水系统)、A01G7/04（用电或磁处理植物促进其生长)、A01G25/02（使用多孔管道或带喷头管道安装在地上的浇水装置，例如用于滴灌）等技术内容。其中在技术集中度最高的A01M7/00中，专利授权量排名前2位的分别是江苏大学和南京林业大学；技术集中度次之的A01G9/24中，位列前2位的创新主体分别是江苏农星智能科技有限公司和无锡商业职业技术学院。

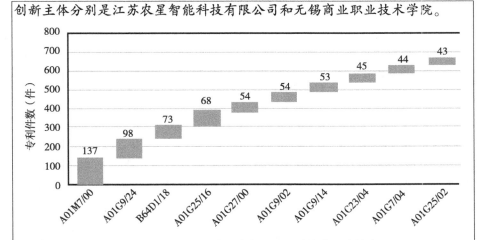

图 1-39 2021 年江苏智能农机及系统技术研发热点

(二) 优势研发单位

从江苏看,在智能农机及系统领域,江苏大学、南京林业大学、农业农村部南京农业机械化研究所、南京农业大学、扬州大学、江苏省农业科学院、南京慧瞳作物表型组学研究院有限公司、江苏华源节水股份有限公司、江苏沃得农业机械股份有限公司和江苏农林职业技术学院 10 家单位,位列专利授权量前 10,是该领域最重要的创新主体,见图 1-40。TOP10 申请人专利授权量共 210 件,在江苏全省专利授权总量中的占比为 23.28%。10 家重要创新主体中,科研院所为 2 家,大学为 5 家,企业为 3 家。

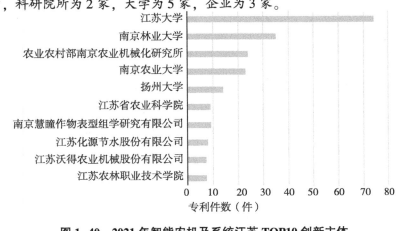

图 1-40 2021 年智能农机及系统江苏 TOP10 创新主体

从全国看，在智能农机及系统领域，江苏大学、西北农林科技大学、中国农业大学、华南农业大学、南京林业大学、北京农业智能装备技术研究中心、广西壮族自治区农业科学院、农业农村部南京农业机械化研究所、仲恺农业工程学院和南京农业大学，专利授权量位列前10，是该领域最重要的创新主体。如表1-21所示，专利授权量方面，江苏大学最多，西北农林科技大学次之。高技术先进性专利占比方面，仲恺农业工程学院和南京农业大学最高，农业农村部南京农业机械化研究所次之。高技术稳定性专利占比方面，农业农村部南京农业机械化研究所最高，华南农业大学次之。强保护范围专利占比方面，北京农业智能装备技术研究中心和农业农村部南京农业机械化研究所位列前2。江苏共有4家创新主体上榜，分别是江苏大学、南京林业大学、农业农村部南京农业机械化研究所和南京农业大学。其中江苏大学的专利授权量、高技术先进性专利占比、高技术稳定性专利占比、强保护范围专利占比在TOP10中分别位列第1、第8、第8和第8；南京林业大学分别位列第5、第9、第9和第9；农业农村部南京农业机械化研究所分别位列第8、第3、第1和第1；南京农业大学分别位列第10、第1、第5和第5。

表1-21　2021年智能农机及系统全国TOP10创新主体

序号	创新主体名称	专利授权量（件）	高技术先进性专利占比（%）	高技术稳定性专利占比（%）	强保护范围专利占比（%）
1	江苏大学	74	6.07	16.35	36.28
2	西北农林科技大学	53	1.89	0.00	22.64
3	中国农业大学	37	10.81	48.65	64.86
4	华南农业大学	37	8.11	59.46	75.68
5	南京林业大学	35	5.71	8.57	31.43
6	北京农业智能装备技术研究中心	33	15.15	57.58	81.82
7	广西壮族自治区农业科学院	28	7.14	28.57	57.14
8	农业农村部南京农业机械化研究所	26	19.23	76.92	80.77
9	仲恺农业工程学院	23	26.09	30.43	56.52
10	南京农业大学	23	26.09	43.48	60.87

（三）优势创新团队

表1-22列出了江苏创新主体在智能农机及系统领域的优势创新团队。

表1-22 2021年智能农机及系统江苏TOP5创新团队

序号	创新团队	所属单位	专利授权量（件）	主要研发内容
1	徐立章团队	江苏大学	13	谷物籽粒含杂率监测装置和监测方法，联合收获机割茬高度自动调控系统及调控方法，基于成熟作物属性信息实时探测的联合收获机喂入量稳定控制系统
2	杨风波团队	南京林业大学	10	具有自动补给功能的农用施药机器人系统，果园自动施药用机器人系统，具有自适应轮距调节功能的轮式农业机器人及调节方法
3	姜东团队	南京慧瞳作物表型组学研究院有限公司	9	用于离子浓度监测和供给的培养装置及根盒，用于作物培养及储存的环境可控表型墙、田间作物表型获取分析的移动表型舱
4	薛新宇团队	农业农村部南京农业机械化研究所	7	选择性喷洒系统、地空协同施药系统及协作方法，高地隙喷雾机液压系统，柔性仿形底盘的轮式农田管理机器人及仿形控制方法
5	张燕军团队	扬州大学	5	智能仿形喷药架及使用方法，自走式智能喷雾施药车，基于物联网、云平台的鹅智能化精细饲喂系统，智能种蛋分拣入箱机器人

六、农机产业专利动态评述

1. 专利质量和结构显著提升

各细分领域发明专利授权量较2020年平均增长76.26%，是实用新型增长率的9.1倍。除耕整地装备及部件领域的发明专利占比略低于全国平均水平外，其他各领域发明专利占比平均高出全国水平7.9个百分点。但是，仅收获装备及部件领域的发明申请量和PCT国际专利申请量呈现小幅增长，其他领域的发明专利申请量平均下降18.16%，PCT国际专利申请量平均减少10.8件。

2. 创新综合实力和活力全国领先

各细分领域的TOP10创新主体中，均有江苏创新主体。特别是智能农机及系统领域，江苏创新主体在专利授权量、高技术先进性专利占比、技术稳定性专利占比、强保护范围专利占比这4个评价指标上，均位居第1列，表现出较强的国内竞争优势。

3. 创新国际竞争力有待提升

各细分领域中，江苏创新主体的发明专利申请量、授权专利量、授权发明专利量和授权实用新型专利量，在全国的占比均值分别为12.31%、8.96%、12.41%和8.26%，但PCT国际专利申请量的占比均值仅为3.72%，远低于其他指标，表明江苏农机专利海外布局能力不强，需要加快适应国际化需求，以更大力度参与国际竞争。

4. 国外企业专利质量优势明显

日本株式会社久保田公司是收获装备及部件领域的TOP10创新主体之一，专利质量非常高，在技术先进性、技术稳定性、保护范围等方面表现突出，尤其是高技术先进性专利占比高达61.82%，是国内排名第一的南京农业大学的2.37倍，表明国内创新主体的技术创新水平与国外知名企业仍有较大差距，需要聚力推进高水平科技自立自强。

5. 企业创新主体地位尚未完全确立

从江苏TOP10创新主体分布看，高校和科研院所占据主导地位，除耕整地装备及部件领域、种植装备及领域的企业数量超过半数外，其他3个领域均不及高校院所的一半。从全国创新主体分布看，仅有江苏沃德农业机械有限公司位列收获装备及部件领域TOP10创新主体，且在专利的技术先进性、技术稳定性、保护范围方面表现一般，表明江苏农机企业创新动能仍显不足，需要进一步统筹省域科技创新资源，解决技术创新平衡问题。

报告三：2022年南京知识产权事业与创新发展路径

"十三五"时期，是南京知识产权工作取得新突破、知识产权对经济社会高质量发展贡献度显著增强的时期。"十四五"时期，是南京进一步建设创新名城的战略机遇期，也是在全国率先全面建成知识产权强市的攻坚期。南京高质量发展对强化创新、强化知识产权保护的需求不断增强，对提升知识产权支撑经济社会发展能力的需求日益突出。

专利是知识产权的核心要素，是准确识别技术机会、顺利开展技术创新活动的重要前提，也是技术创新的重要阶段性产出，反映了产业技术创新的活跃程度。作为公开技术源，专利文献包含了90%~95%的技术信息，具备权威性和时效性，已成为掌握产业技术创新状况和发展的重要工具。

　　为准确把握 2022 年南京知识产权事业发展现状，以 2022 年 1 月 1 日至 2022 年 9 月 30 日期间南京申请的国内专利和 PCT 国际专利为研究对象。采用国家知识产权局数据库、INCOPAT 专利数据库，重点针对新一代信息技术产业、高端装备制造产业、新材料产业、生物产业、新能源汽车产业、新能源产业、节能环保产业、数字创意产业、相关服务业九大战略性新兴产业，分析南京创新主体年度创新活动。同时，为明确南京知识产权发展能力在全国的站位，重点分析南京与北京、上海、广州、深圳、天津、重庆、武汉、成都、合肥 9 个重要城市，在专利质量上以及在战略性新兴产业九大细分技术领域创新活力上的优势与劣势，旨在客观评价南京知识产权事业现状，为科学决策提供信息支撑。

一、研究方法

　　《国际专利分类表》（IPC 分类）是目前国际上唯一通用的专利文献分类工具，它采用功能性为主、应用性为辅的 5 级分类原则，即部、大类、小类、大组和小组。专利数集中的 IPC 类组通常是技术研发的活跃区域。在对南京战略性新兴产业 9 个细分技术领域进行研发热点分析时，采用 IPC 小类对专利数据进行分类统计，且只针对排名前 10 位的 IPC 小类进行分析。由于一件专利可能涉及多个专利分类号，因此排名前 10 位的 IPC 小类专利总数可能会大于该产业专利总申请量。

　　重要申请人是指专利申请量排名前 10 位的申请人。

　　发明专利是指对产品、方法或者其改进所提出的新的技术方案，具备新颖性、创造性和实用性等特征。实用新型专利是指对产品的形状、构造或者其结合所提出的适于实用的新的技术方案。发明专利在某种程度上更能表征技术创新水平，因此将发明专利授权量在授权专利总量中的占比作为评判南京创新主体创新能力的指标之一。

　　PCT 是《专利合作条约》（Patent Cooperation Treaty）的英文缩写，是有关专利的国际条约。作为国内创新主体在海外寻求专利保护的主要途径之一，PCT 国际专利申请正受到越来越多创新主体的关注。由于 PCT 国际专利申请是衡量创新主体国际竞争力的重要标尺之一，因此将 PCT 国际专利申请量作为评判南京创新主体创新能力的另一指标。

为评价知识产权质量，采用专利价值度作为分析指标。INCOPAT 中，专利价值度主要通过技术稳定性、技术先进性和保护范围来衡量专利的价值。其中，技术稳定性主要通过稳定性好、无诉讼行为发生、未发生过质押保全申请人、未提出过复审请求，未被申请无效宣告等方面衡量；技术先进性主要通过该专利及其同族专利在全球被引用的次数、是否发生许可或转让等方面衡量；保护范围主要通过专利拥有的权利要求数量、剩余有效期、在国家/组织/地区专利布局情况等方面衡量。

二、南京专利态势

2022 年，南京专利申请量为 31 780 件，其中发明专利申请量 21 147 件，战略性新兴产业专利申请量 25 570 件；PCT 国际专利申请量为 114 件；专利价值度为 6.19。如图 1-41 和图 1-42 所示，与 2021 年同期相比，2022 年专利申请量较 2021 年降低 57.70%，其中发明申请量降低 40.15%；战略性新兴产业专利申请量降低 53.33%；专利价值度增长 5.21%；发明专利占比较 2021 年提高 19.51%；战略性新兴产业专利占比较 2021 年提高 6.66%。

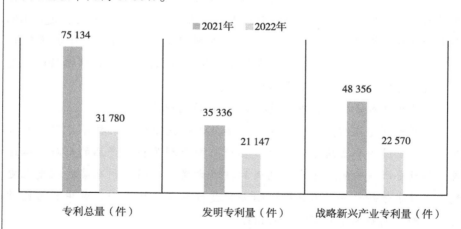

图 1-41 2021—2022 年南京国内专利申请情况同期对比

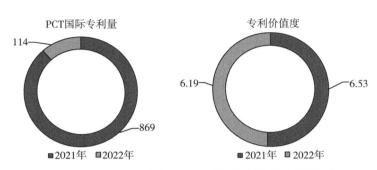

图 1-42 2021—2022 年南京 PCT 专利及专利价值度同期对比

三、南京与国内重要城市专利态势对比

（一）专利申请情况对比

如图 1-43 所示，在全国 10 个重要城市中，在专利总量方面，位列前 3 的分别是北京（92 624 件）、深圳（90 249 件）和上海（55 373 件），后 3 的分别重庆（25 645 件）、合肥（22 418 件）和天津（20 561 件）；在发明专利量方面，北京（66 436 件）、深圳（39 652 件）和上海（30 930 件）位列前 3，合肥（12 268 件）、重庆（12 253 件）、天津（8 881 件）位列后 3。在战略性新兴产业专利量方面，北京（67 641 件）、深圳（48 586 件）和上海（34 446 件）位列前 3，重庆（14 749 件）、合肥（14 192 件）、天津（11 884 件）位列后 3。可见，2022 年北京、深圳和上海在专利总量、发明专利量和战略性新兴产业专利量方面优势均较大，大幅领先于其他重要城市，重庆、合肥和天津等城市在这几个方面则表现相对偏弱。

从南京来看，南京在专利总量、发明专利量、战略性新兴产业专利量均位列第 5，分别是排名第 1 的 34.31%、31.83% 和 33.37%，与优秀城市相比差距较为明显，尚有一定的提升空间。

（二）专利结构与专利价值对比

如图 1-44 所示，在战略性新兴产业专利占比方面，位列前 3 分别是北京（73.03%）、南京（71.02%）和武汉（64.97%），位列后 3 分别是深圳

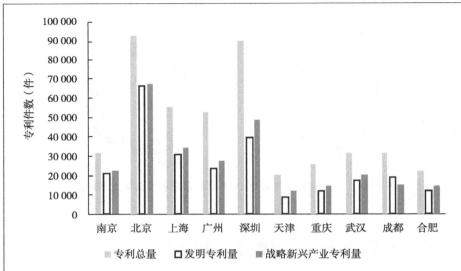

图1-43 2022年南京与国内重要城市专利申请情况对比

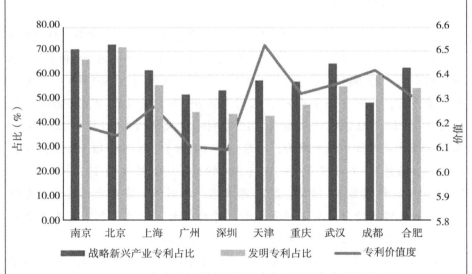

图1-44 2022年南京与国内重要城市专利结构与专利价值对比

（53.84%）、广州（52.13%）和成都（48.75%）；在发明专利量占比方面，位列前3的分别是北京（71.73%）、南京（66.54%）和成都（60.12%），位列后3的分别是广州（44.71%）、深圳（43.94%）和天津（43.19%）；在专利价值度方面，位列前3的分别是天津（6.53）、成都（6.42）和武汉（6.37），位列后3的分别是北京（6.15）、广州（6.10）和深圳（6.09），可见专利价值度波幅整体不大，最高 6.53，最低为 6.09，两者之间相差仅为 0.44，表明 10 个主要城市在专利价值方面表现均不俗。

从南京来看，在战略性新兴产业专利占比方面，南京为 71.02%，位列第 2，表现优异，仅低于排名第 1 的北京约 2 个百分点，表明南京在加快发展壮大战略性新兴产业创新，推动产业结构优化升级方面力度较大，取得较好的成效；在发明专利占比方面，南京为 66.54%，位列第 2，低于排名第 1 的北京 5.2 个百分点，表明南京更加注重专利质量的提升，专利结构更趋优化；在专利价值度方面，南京虽然位列第 7，与排名第 1 的天津仅相差 0.36 个百分点，差距较小。

四、南京战略性新兴产业专利态势

（一）新一代信息技术

在新一代信息技术领域，东南大学、南京邮电大学等 10 个申请人是该领域最重要的创新主体，TOP10 申请人专利量 3 585 件，在该领域专利总量中占比 44.13%。TOP10 申请人最关注的 10 个技术研发热点聚焦于 G06F、G06N 等 10 个 IPC 小类，各技术热点主要技术内容详见表 1-23。

表 1-23　2022 年新一代信息技术 TOP10 申请人和技术研发热点

重要申请人		技术研发热点		
申请人名称	专利量（件）	IPC 分类号	专利量（件）	技术内容
东南大学	860	G06F	2 944	电数字数据处理
南京邮电大学	667	G06N	1 903	基于特定计算模型的计算机系统
南京航空航天大学	617	G06K	1 319	数据识别；数据表示；记录载体；记录载体的处理
南京大学	336	G06Q	1 241	电数字数据处理
河海大学	288	G06V	934	图像或视频识别或理解
南京理工大学	277	H04L	802	数字信息的传输，例如电报通信
南京信息工程大学	211	G06T	580	一般的图像数据处理或产生
国网江苏省电力有限公司	137	H04W	569	选择设备或装置的零部件

(续表)

重要申请人		技术研发热点		
申请人名称	专利量(件)	IPC 分类号	专利量(件)	技术内容
南京工业大学	102	H04B	419	传输
南京林业大学	90	H01L	323	半导体器件；其他类目中不包括的电固体器件

（二）新材料

在新材料领域，东南大学、南京工业大学等 10 个申请人是该领域最重要的创新主体，TOP10 申请人专利量 1 395 件，在该领域专利总量中占比 34.44%。TOP10 申请人最关注的 10 个技术研发热点聚焦于 G01N、H05K 等 10 个 IPC 小类，各技术热点主要技术内容详见表1-24。

表1-24 2022 年新材料 TOP10 申请人和技术研发热点

重要申请人		技术研发热点		
申请人名称	专利量(件)	IPC 分类号	专利量(件)	技术内容
东南大学	306	G01N	680	借助于测定材料的化学或物理性质来测试或分析材料
南京工业大学	253	H05K	453	印刷电路；电设备的外壳或结构零部件；电气元件组件的制造
南京林业大学	162	B01J	322	化学或物理方法，例如催化作用或胶体化学
南京理工大学	127	E04B	246	一般建筑物构造；墙，例如间壁墙；屋顶；楼板；顶棚
南京航空航天大学	124	C08L	243	高分子化合物的组合物
南京大学	115	C04B	230	石灰；氧化镁；矿渣；水泥；其组合物，例如砂浆、混凝土或类似的建筑材料；人造石；陶瓷；耐火材料
南京邮电大学	98	H01R	199	导电连接；一组相互绝缘的电连接元件的结构组合；连接装置；集电器
南京钢铁股份有限公司	95	C01B	188	非金属元素；其化合物
南京信息工程大学	59	B01D	178	分离
河海大学	56	C08K	160	使用无机物或非高分子有机物作为配料

（三）高端装备制造

在高端装备制造领域，南京航空航天大学、南京理工大学等 10 个申请人是该领域最重要的创新主体，TOP10 申请人专利量 873 件，在该领域专利总量中占比 28.29%。TOP10 申请人最关注的 10 个技术研发热点聚焦于 B65G、G05B 等 10 个 IPC 小类，各技术热点主要技术内容详见表 1-25。

表 1-25 2022 年高端装备制造 TOP10 申请人和技术研发热点

重要申请人		技术研发热点		
申请人名称	专利量（件）	IPC 分类号	专利量（件）	技术内容
南京航空航天大学	299	B65G	346	运输或贮存装置，例如装载或倾卸用输送机、车间输送机系统
南京理工大学	121	G05B	315	一般的控制或调节系统；这种系统的功能单元、监视或测试装置
东南大学	119	B23K	258	钎焊或脱焊；焊接；局部加热切割，用激光束加工
农业农村部南京农业机械化研究所	65	B25J	257	机械手；装有操纵装置的容器
南京林业大学	52	G01B	164	长度、厚度或类似线性尺寸的计量；角度、面积、不规则的表面的计量
南京邮电大学	52	H01Q	141	无线电天线
南京信息工程大学	47	B64C	140	飞机；直升机
南京农业大学	42	B23P	134	未包含在其他位置的金属加工；组合加工；万能机床
南京工程学院	40	B64D	132	用于与飞机配合或装到飞机上的设备
河海大学	36	A01C	122	种植；播种；施肥

（四）节能环保

在节能环保领域，东南大学、南京林业大学等 10 个申请人是该领域最重要的创新主体，TOP10 申请人专利量 729 件，在该领域专利总量中占比 21.86%。TOP10 申请人最关注的 10 个技术研发热点聚焦于 C02F、B01D 等 10 个 IPC 小类，各技术热点主要技术内容详见表 1-26。

表1-26　2022年节能环保TOP10申请人和技术研发热点

重要申请人		技术研发热点		
申请人名称	专利量（件）	IPC 分类号	专利量（件）	技术内容
东南大学	150	C02F	802	水、废水、污水或污泥的处理
南京林业大学	114	B01D	716	分离
南京工业大学	112	B01J	192	化学或物理方法，例如催化作用或胶体化学
河海大学	65	G01D	189	非专用于特定变量的测量
南京信息工程大学	57	H02K	177	电机
南京理工大学	55	F21V	170	照明装置或其系统的功能特征或零部件
南京大学	54	B02C	168	一般破碎、研磨或粉碎；碾磨谷物
南京航空航天大学	50	G01R	131	测量电变量；测量磁变量
生态环境部南京环境科学研究所	42	F24F	125	空气调节；空气增湿；通风；空气流作为屏蔽的应用
光大环境科技（中国）有限公司	30	B08B	117	一般清洁；一般污垢的防除

（五）生物

在生物领域，南京林业大学、中国药科大学等10个申请人是该领域最重要的创新主体，TOP10申请人专利量1 479件，在该领域专利总量中占比33.94%。TOP10申请人最关注的10个技术研发热点聚焦于A61K、A61P等10个IPC小类，各技术热点主要技术内容详见表1-27。

表1-27　2022年生物TOP10申请人和技术研发热点

重要申请人		技术研发热点		
申请人名称	专利量（件）	IPC 分类号	专利量（件）	技术内容
南京林业大学	183	A61K	703	医用、牙科用或梳妆用的配制品
中国药科大学	166	A61P	659	化合物或药物制剂的特定治疗活性

（续表）

重要申请人		技术研发热点		
申请人名称	专利量（件）	IPC 分类号	专利量（件）	技术内容
南京农业大学	140	C12N	537	微生物或酶；其组合物；繁殖、保藏或维持微生物；变异或遗传工程；培养基
南京工业大学	137	G01N	339	借助于测定材料的化学或物理性质来测试或分析材料
东南大学	97	C07D	334	杂环化合物
南京鼓楼医院	76	A01G	296	园艺；蔬菜、花卉、稻、果树、葡萄、啤酒花或海菜的栽培；林业；浇水
南京大学	75	A61B	269	诊断；外科；鉴定
江苏省农业科学院	74	C12R	260	与涉及微生物的 C12C 至 C12Q 小类相关的引得表
江苏省人民医院	67	A61M	252	将介质输入人体内或输到人体上的器械
南京中医药大学	64	C07K	171	肽

（六）新能源

在新能源领域，东南大学、国网江苏省电力有限公司等 10 个申请人是该领域最重要的创新主体，TOP10 申请人专利量 823 件，在该领域专利总量中占比 33.39%。TOP10 申请人最关注的 10 个技术研发热点聚焦于 H02J、G01R 等 10 个 IPC 小类，各技术热点主要技术内容详见表 1-28。

表 1-28 2022 年新能源 TOP10 申请人和技术研发热点

重要申请人		技术研发热点		
申请人名称	专利量（件）	IPC 分类号	专利量（件）	技术内容
东南大学	165	H02J	742	供电或配电的电路装置或系统；电能存储系统
国网江苏省电力有限公司	104	G01R	410	测量电变量；测量磁变量

（续表）

重要申请人		技术研发热点		
申请人名称	专利量（件）	IPC 分类号	专利量（件）	技术内容
南京航空航天大学	102	H02M	243	用于交流和交流之间、交流和直流之间或直流和直流之间的转换以及用于与电源或类似的供电系统一起使用的设备
河海大学	74	H02B	200	供电或配电用的配电盘、变电站或开关装置
国网江苏省电力有限公司电力科学研究院	71	H02H	153	紧急保护电路装置
国电南瑞科技股份有限公司	70	H02S	135	由红外线辐射、可见光或紫外光转换产生电能
南京邮电大学	68	G06F	133	电数字数据处理
国家电网有限公司	61	G06Q	133	专门适用于行政、商业、金融、管理、监督或预测目的的数据处理系统或方法
南京工程学院	58	E04G	116	脚手架、模壳；模板；施工用具或辅助设备，或其应用；建筑材料的现场处理
江苏省电力试验研究院有限公司	50	H02P	114	电动机、发电机或机电变换器的控制或调节；控制变压器、电抗器或扼流圈

（七）新能源汽车

在新能源汽车领域，南京航空航天大学、中汽创智科技有限公司等10个申请人是该领域最重要的创新主体，TOP10 申请人专利量 375 件，在该领域专利总量中占比 15.21%。TOP10 申请人最关注的技术研发热点聚焦于 H01M、B65G、H02J 等 10 个 IPC 小类，各技术热点主要技术内容详见表 1-29。

表 1-29 2022 年新能源汽车 TOP10 申请人和技术研发热点

重要申请人		技术研发热点		
申请人名称	专利量（件）	IPC 分类号	专利量（件）	技术内容
南京航空航天大学	94	H01M	245	用于直接转变化学能为电能的方法或装置

（续表）

重要申请人		技术研发热点		
申请人名称	专利量（件）	IPC 分类号	专利量（件）	技术内容
中汽创智科技有限公司	72	B65G	202	运输或贮存装置，例如装载或倾卸用输送机、车间输送机系统或气动管道输送机
东南大学	55	H02J	183	供电或配电的电路装置或系统；电能存储系统
南京工业大学	40	B60L	162	电动车辆动力装置
南京林业大学	25	G01M	150	机器或结构部件的静或动平衡的测试；其他类目中不包括的结构部件或设备的测试
南京邮电大学	22	H02K	91	电机
南京工业职业技术大学	18	B60W	83	不同类型或不同功能的车辆子系统的联合控制；专门适用于混合动力车辆的控制系统
南京理工大学	17	B23K	62	钎焊或脱焊；焊接；用钎焊或焊接方法包覆或镀敷；局部加热切割；用激光束加工
南京信息工程大学	16	B60T	51	车辆制动控制系统或其部件；一般制动控制系统或其部件
南京工程学院	16	C08K	40	使用无机物或非高分子有机物作为配料

（八）数字创意

在数字创意领域，东南大学、南京航空航天大学等 10 个申请人是该领域最重要的创新主体，TOP10 申请人专利量 415 件，在该领域专利总量中占比 35.47%。TOP10 申请人最关注的 10 个技术研发热点聚焦于 G06T、H04N 等 10 个 IPC 小类，各技术热点主要技术内容详见表 1-30。

表 1-30　2022 年数字创意 TOP10 申请人和技术研发热点

重要申请人		技术研发热点		
申请人名称	专利量（件）	IPC 分类号	专利量（件）	技术内容
东南大学	94	G06T	616	一般的图像数据处理或产生

（续表）

重要申请人		技术研发热点		
申请人名称	专利量（件）	IPC 分类号	专利量（件）	技术内容
南京航空航天大学	66	H04N	342	图像通信
南京邮电大学	63	G06F	237	电数字数据处理
南京大学	42	G06N	227	基于特定计算模型的计算机系统
南京理工大学	39	G06V	197	图像或视频识别或理解
河海大学	31	G06Q	177	专门适用于行政、商业、金融、管理、监督或预测目的的数据处理系统或方法
南京信息工程大学	25	G06K	106	图形数据读取；数据的呈现；记录载体；处理记录载体
南京林业大学	22	H04L	81	数字信息的传输
国网江苏省电力有限公司	17	F16M	45	非专门用于其他类目所包含的发动机、机器或设备的框架、外壳或底座；机座；支架
中国移动通信集团有限公司	16	C08B	35	有机高分子化合物，如多糖类；其衍生物的制备和加工

（九）相关服务业

在相关服务业领域，东南大学、南京航空航天大学等 10 个申请人是该领域最重要的创新主体，TOP10 申请人专利量 710 件，在该领域专利总量中占比 37.49%。TOP10 申请人最关注的 10 个技术研发热点聚焦于 G06Q、G06T 等 10 个 IPC 小类，各技术热点主要技术内容详见表 1-31。

表 1-31　2022 年相关服务业 TOP10 申请人和技术研发热点

重要申请人		技术研发热点		
申请人名称	专利量（件）	IPC 分类号	专利量（件）	技术内容
东南大学	180	G06Q	901	专门适用于行政、商业、金融、管理、监督或预测目的的数据处理系统或方法
南京航空航天大学	107	G06T	586	一般的图像数据处理或产生

（续表）

重要申请人		技术研发热点		
申请人名称	专利量（件）	IPC 分类号	专利量（件）	技术内容
南京邮电大学	86	G06F	408	电数字数据处理
河海大学	85	G06N	394	基于特定计算模型的计算机系统
南京大学	53	G01N	384	借助于测定材料的化学或物理性质来测试或分析材料
南京理工大学	53	G06V	301	图像或视频识别或理解
国网江苏省电力有限公司	43	G06K	282	数据识别；数据表示；记录载体；记录载体的处理
南京信息工程大学	35	H02J	85	供电或配电的电路装置或系统；电能存储系统
南京林业大学	35	G01C	69	测量距离、水准或者方位；勘测；导航；陀螺仪；摄影测量学或视频测量学
南京工业大学	33	G01B	36	长度、厚度或类似线性尺寸的计量；角度的计量；面积的计量；不规则的表面或轮廓的计量

五、南京创新发展路径

（一）南京知识产权事业发展综合评述

1. 南京 2022 年知识产权创造能力有所降低

专利申请量较 2021 年减少 57.70%，但专利结构更加优化，发明专利占比和战略性新兴产业专利占比分别较 2021 年提高 19.51% 和 6.66%。

2. 南京知识产权发展水平与全国重要城市相比具有一定的优势

南京发明专利占比和战略性新兴产业专利占比表现优异，在 10 个重要城市中均位列第 2，专利总量、发明专利量、战略性新兴产业专利量均位列第 5，虽然专利价值度位列第 7，但与前列城市相比相差很小。

3. 南京战略性新兴产业创新活力进一步增强

2022 年战略性新兴产业专利量在专利总量中的占比达 71.02%，东南大学、南京邮电大学、南京航空航天大学、南京理工大学、国网江苏省电子有限公司等众多创新主体聚焦新材料、新能源、新一代信息技术等战略性新兴产业技术创新，着力挖掘技术空白点。

4. 企业创新主体地位尚未确立

从新兴战略产业各细分技术领域 TOP10 创新主体分布来看，高校和科研院所占据绝对主导地位。在高端装备制造领域和生物领域，TOP10 创新主体均无企业在列，其他领域也不超过 2 家，表明南京企业创新动能仍显不足，需要进一步统筹市域科技创新资源，解决好科技体系发展不平衡不充分问题。

（二）知识产权赋能高质量创新发展的路径与对策

1. 完善知识产权强市建设体制机制

根据"创新名城"建设要求持续优化知识产权强市建设的方案设计。不断完善知识产权强市建设的政策措施，建立符合国内统一市场建设、数字经济发展、启动内需和产业重构需求的知识产权政策体系。健全知识产权信息利用和开放机制，通过知识产权工具、标准、数据库和平台等，丰富和优化知识产权治理手段和方式，充分发挥知识产权信息服务经济社会发展的贡献作用。

2. 持续推进知识产权高质量创造

以重点产业链和区域主导产业为重点，整合各类创新资源，着力推动深化产学研协同创新，遴选行业龙头骨干企业联合高校院所、重点实验室、新型研发机构组建一批高价值专利培育中心，培育一批国际竞争力强、具有较强前瞻性、能够引领产业发展的高价值专利和专利组合。推进关键技术专利布局，推进关键技术领域的前沿研究和原始创新，发挥高价值专利培育项目在重点产业中强链、补链、延链的作用，建设高价值专利培育平台，发挥体制优势、协同攻关，力争攻克一批"卡脖子"关键知识产权。

3. 深入实施知识产权强企行动

持续引导企业实施《企业知识产权管理规范》国家标准，指导企业将知识产权管理贯穿研发、生产、销售等经营全过程，推进企业知识产权管理标准化、制度化、规范化。完善企业知识产权战略梯队培育体系，支持和指导初创期的中小微企业、成长期科技型企业、产业链龙头企业实施符合其发展需要和规律的知识产权战略推进方案。支持在宁高校科研院所、新型研发机构等科研组织围绕市重点产业链开展基础研究和应用基础研究，与企业共建实验室、中试工程化服务平台。

4. 大力推进产业知识产权工作

加强战略前沿领域部署，积极培育人工智能、未来网络、5G、区块链、大数据等前瞻产业，开展知识产权前瞻性布局。着力推进关键技术自主可控，支持企业和科研组织以自主品牌为支撑，以产业链关键产品、创新链关键技术为核心，集成产业领域创新资源，实施关键核心技术攻关工程，形成一批具有自主知识产权的原创性标志性技术成果，培育和提升产业集群品牌竞争力。支持产业链上下游企业、研发机构等单位组建新兴产业创新组织，围绕技术研发、标准制定等环节开展协同创新。创新高校和科研机构职称评定、科研模式评价体系，相对增加知识产权转化运用权重，推动高校院所知识产权转移转化。

5. 加强知识产权高层次人才的供给

按照产业发展和知识产权发展需要，建立市知识产权高层次人才数据库，形成稳定的知识产权高层次人才队伍，探索建立更为顺畅高效的省市知识产权人才共享共用机制，建立知识产权高层次人才与产业、企业对接机制，汇聚知识产权高层次人才，充分发挥知识产权高层次人才对产业、企业发展的支撑作用。建立健全知识产权人才梯队培养体系，实施知识产权专业高层次人才发展计划，不断完善知识产权高层次人才供给机制。

6. 加强知识产权区域交流与协作

加强与国内重要城市，特别是长三角地区重点城市的知识产权合作，积极参与相关城市的知识产权行动，突破知识产权运营的区域限制，积极参与建立知识产权运营交易、金融创新、维权保护协作机制，打造一体化知识产权服务市场，实现资源共享共通和区域知识产权工作的一体化发展。加强知识产权人才资源共享，实现知识产权人才市场一体化发展。积极参与和推进长三角区域知识产权一体化创新项目，探索区域知识产权一体化的新经验。

第二章 专利价值评估与高价值专利培育

近年来,我国专利申请量增长迅速,但是也因为盲目追求数量上的跃进而忽视了专利本身的质量。国家频频呼吁高价值专利就是对这一现象的修正,也是我国专利制度发展到现阶段所必须要做的转型。普及专利价值的概念、强化专利价值评估、倡导高价值专利产出、指导高价值专利的运营对产业转型升级具有积极意义。

一、专利价值的概念

专利具有显性价值和隐性价值。对于专利权人而言,专利应当是能够带来商业价值的资产,这就是专利的显性价值。专利还可以为专利权人彰显技术实力和影响力,带来声誉和社会地位,这些则属于专利的隐性价值。

专利的价值包括技术价值、法律价值、经济价值和战略价值。专利的技术价值体现了专利的内在价值,是专利技术本身带来的价值,是专利价值的基础。专利的法律价值是指专利在生命周期内和权利要求保护范围内依法享有法律对其独占权益的保障,是专利市场化、经济化过程中的保障性因素。专利的经济价值是指专利技术在商品化、产业化、市场化过程中带来的预期利益。专利的战略价值是指专利在市场经营活动中通过稳固自己的优势竞争地位,游刃有余地运用进可攻、退可守的战术,最终为单位直接创造利润或者为单位创造利润扫清障碍。

二、专利价值评估的意义

专利的用途按照战略目的大致可分为 3 种类型:一是用于进攻的专利,二是用于防守的专利,三是用于提升影响力或作为谈判筹码的专利。同样作为一件专利,由于其在上述各方面的表现不同,实际呈现出的价值或影响可能有天壤之别，因此，准确把握专利的价值应当是专利管理、保护和运营的前提或基础。不了解专利的价值而大谈专利的管理、保护和运营，如同盲人摸象，而专利价值评估是掌握专利价值的一扇重要窗口。

专利价值评估为前端的专利价值培育提供了方向上的指引，帮助创新主体审视自身专利资产的短板，并制定科学的研发和专利布局决策；为后端的专利运营工作提供了优质资源的支撑，帮助提升专利资产的管理效率和运营效益。专利价值评估对于优化技术供给、激发市场有效需求、促进专利供需对接、推动专利转移转化和产业化来说都是非常必要的。具体来说，专利价值评估具有以下现实意义。

1. 便于评判技术实力

对于专利权人而言，其技术实力一定程度上与其高价值专利产出的数量相关。利用专利价值评估这一手段，可以评估该专利权人的技术实力，进而为专利权人制定技术追踪、技术引进和人才引进等决策提供研究手段。

通过专利价值评估可以分析判定某细分领域技术实力较强的专利权人和研究技术有哪些，这些创新主体具体的技术特点和优势领域是哪些，进而帮助相关人员进行某细分领域的技术追踪。当需要进行技术引进时，通过具体技术分支的专利价值评估，可以缩小专利范围，筛选出高价值专利，帮助专利权人发现本领域专利中的头部技术，提高技术引进的精准程度和工作效率。与技术评判类似，发明人或者科研团队的实力也可以通过其产出的高价值专利进行辅助判定，为人才引进提供实证支撑。

2. 便于管理专利资产

当专利权人的专利数积累到一定量的时候，专利资产的管理工作变得尤为重要。通过专利价值评估可以根据具体战略目的进行相应的专利组合构建，可以对现存专利资产按照重要性进行分级，从而进行针对性的管理和维护。对于价值高的专利重点维护，对于价值低的专利可以考虑转让或放弃，由此降低专利管理成本，提升专利资产整体的投入产出比。

3. 支撑聚焦研究

专利价值评估更为重要的用途是对筛选出的高价值专利进行聚焦研究，进一步挖掘其深层次的价值和情报，筛选出的高价值专利在专利技术发展路线中占据着重要的位置，这些关键节点的重要专利不仅是技术创新中的研究热点，也是专利池构建的重要来源。

三、专利价值评估的难点

在评估专利价值时，会面临多种挑战。比如如何设置科学合理的、操作性好的指标，如何针对中国专利文献的特点提高中国专利价值评估的准确性，如何根据技术领域的特殊性开展针对性评估等。

除了要面对诸多挑战之外，专利价值评估工作还存在诸多难点。

1. 专利的价值体现具有滞后性

专利的技术内容具有一定的前瞻性，任何一个单位从开始申请专利到逐步转入专利应用，往往都有较大的时间跨度，且一个单位只有在授权专利数达到一定门槛、围绕特定领域进行集中布局后，这些专利才能真正在保护创新成果、遏制竞争对手方面发挥作用。

2. 专利的价值体现具有阶段性

以产品专利为例，在产品导入期，申请专利目的是获得卡位的优先权，此时专利的主要作用是圈地；在产品成长期，专利的主要作用是形成完善的保护圈，建立专利门槛，甚至形成技术标准，也可以利用质押等融资手段进行专利资产货币化；在产品成熟期，专利可用来对抗竞争者，进行侵权诉讼、建立专利池、交叉许可等；在产品衰退期，专利可用来进行许可、转让、授权、拍卖等。因此，体现专利价值的显性特征具有阶段性的特点。

3. 专利的价值体现具有关联性

第一，专利技术之间往往存在技术上的关联，很多情况下，单件专利往往无法单独实施；第二，专利有时候需要与技术秘密相互配合；第三，是否有竞争性的替代技术对目标专利的价值影响也很大；第四，专利的价值还与本领域的技术发展状况密切相关；第五，专利价值的实现程度还与专利拥有者的专利运营能力、专利的主要应用目的及方式等有关。

四、专利价值评估的方法

目前专利的价值评估应用广泛，专利质押贷款、专利增资入股、专利许可转让等都需要进行专利的价值评估。现有关于专利价值评估方法的研究众多，主要为传统的成本法、市场法、收益法等市场基准的专利价值评估方法。近年学者们对专利价值评估方法的研究有了一定突破，增加多种评估方法，如综合模糊评价法、计量经济法、机器学习与模拟仿真方法等非市场基准的专利价值评估方法。

1. 市场基准的专利价值评估方法

（1）成本法

成本法是在目标单位资产负债表的基础上，通过合理评估单位各项资产价值和负债，从而确定评估专利价值的方法。理论基础在于任何一个理性人，对某项专利的支付价格将不会高于重置或者购买相似用途替代专利的价格。成本法主要适用于成本信息记录清晰，且成本信息能够较好反映专利价值的情况，以往学者往往用重置成本进行衡量。

（2）收益法

收益法是以专利的未来收益预测结果进行折现来计算专利价值的方法。其理论基础是经济学原理中的贴现理论，即一项资产的价值是利用它所能获取的未来收益的现值，其折现率反映了投资该项资产并获得收益的风险的回报率。

（3）市场法

市场法是将评估专利与在市场上已有交易案例的相似专利进行对比以确定评估专利价值的方法。其应用前提是假设在一个市场上，相似的专利一定会有相似的价格，3 种方法的优劣对比如下。

一是成本法的成本信息相对比较容易获取，操作简便，但成本信息未考虑专利的预期收益，并不能够真正反映专利的真实价值，以至于计算出的结果往往被低估，所以只能作为参考。

二是收益法能够全面考虑专利价值的影响因素，是专利评估方法中比较实用的方法，但收益法需要对专利的未来收益进行预测，这种预测的主观性较大，同时产品的收益往往依靠多项不同领域专利，而收益难于与具体的专利对应分配。

三是市场法所反映的专利价值信息能够反映当前市场需求和专利市场价值，易于被大家接受，适用于专利市场较为发达、有较多同类可以匹配的专利交易价格信息进行参考，此种方法理论上较为可行，但在实际应用中，由于我国专利交易市场不发达，很难找到可以匹配的专利市场交易价格，交易信息较难获取，致使评估方法不够稳定。

2. 非市场基准的专利价值评估方法

非市场基准的专利价值评估方法基本思路是：基于公共专利数据库中相关信息，应用实证研究方法分析不同信息与专利价值之间的关系，在此基础上，以专利价值影响因素为变量来构建专利价值评估模型。下面介绍几种专利价值评估的常见方法。

① 模糊综合评价法

该方法是在分析专利价值影响因素的基础上，建立专利价值评估综合指标体系，并运用模糊评价的方法给被评价专利的每一个因素赋值，最后得到专利价值的综合评价结果。

该方法的优点是简单易理解，但是这种方法得到的结果不是以价值金额形式体现的，得到的往往是专利价值度的概念，只能作为专利运营（转让、质押贷款、许可等）的参考，不能直接作为依据。

② 计量经济模型方法

该方法一般以专利价值估计值作为因变量，以选取的专利价值影响因素作为自变量，选取与待评估专利同质的样本，运用历史数据进行多元回归分析，在此基础上建立专利价值的评估模型。然后，运用该模型进行专利价值评估计算。

该方法易于理解，但是也存在明显的缺陷：一方面，很难获取同质专利价值的大量样本，从而难以开展回归分析，影响模型的建立；另一方面，这类方法往往假设专利价值与影响因素之间呈线性关系，这种假设本身可能存在一定的局限性，从而影响到模型的准确性。

③ 机器学习与模拟仿真方法

近年来，随着人工智能技术的发展，有学者提出了基于机器学习的专利价值评估方法。也有学者提出了一种利用系统动力学模型对专利价值进行动态模拟的思路。在对专利价值形成过程以及影响专利价值的技术、市场和竞争等多种因素构成的复杂反馈系统进行分析的基础上，运用系统动力学的结构-功能模型来实现对专利价值的动态评估。这种基于机器学习与模拟仿真的专利价值评估方法在理论上存在一定的可行性。但是，实际应用中还需要对相关指标、算法等进一步完善。这些非市场基准的专利价值评估方法均是引入了其他领域的经典方法对专利价值进行评估，各有其优势和缺陷，可以根据其适用范围选择性或融合性使用。

五、专利价值评估的分析维度和指标

就专利价格而言，市场所带来的启示在于：交易者容易受到眼前美好或眼前困难的影响来出价，出让方和受让方的市场地位差异也会对价格造成影响。总之，价值是分析出来的，而价格是谈出来的，但价值分析可以为价格谈判提供依据，专利价值分析的目的就在于去挖掘传统评估方法难以估量的隐性价值。

1. 专利价值分析维度

专利价值分析维度包括技术价值、法律价值、经济价值、战略价值等。技术价值是基础，法律价值是保障，经济价值是体现，战略价值是目的。

（1）技术价值

每一件专利都是包含能够解决技术问题的技术方案，但不是每一种技术方案都有实际应用价值，比如具有更好的可替代性技术时，该专利技术就容易被淘汰或直接抛弃。再比如有些技术先进性很高的专利技术，由于缺乏配套技术等很难具体实施，这些专利很难称得上技术价值高的专利。

此外，技术价值高的专利也不代表技术复杂程度很高的专利，有些容易被普遍采用的技术所形成的较简单的专利也可能成为技术价值高的专利。虽然专利价值的高低并不完全取决于技术方案的先进性、技术难度或者技术的复杂程度，但是技术价值高的专利应具备最基本技术含量的门槛，同时至少应具备专利法要求的新颖性、创造性和实用性特征。

（2）法律价值

专利权的核心在于专利的排他性，专利权人通过拥有一定时间、一定地域的排他权利，取得垄断性收益，实现专利的价值。专利权是法律意义上的一种私权，失去法律保护外衣的专利如无壳之蛋、无土之木。因此，专利权利的法律保护坚实程度是一件专利技术实现其真正价值的保障。

（3）经济价值

对于专利权人来说，获取和运用专利权利的制定策略是由其产生经济效益的能力直接驱动的。专利所能产生的经济效益与其市场价值有直接关系，高市场价值的专利技术一定是同时具备技术价值和法律价值，当下或预期未来能在市场上应用并因此获得主导地位、竞争优势和（或）高收益，这才是真正现实意义上的高市场价值专利。市场价值又可分为未来市场价值和现有市场价值，预期在未来市场中很可能用到的专利属于潜在高市场价值专利。

在专利的现有市场价值中，直接变现的现金流就是该专利可以直接衡量的经济价值。高经济价值的专利首先包括了大部分的高市场价值专利，有些具备高市场价值的专利之所以没有体现出其高经济价值，是因为专利权人的不作为或者法律环境造成的；其次还包括专利交易和运营过程中（如专利质押、作价入股、转让许可等）体现出高价格的其他专利，如着眼未来市场的储备性的核心专利等。

（4）战略价值

专利权人未必都能在申请专利时赋予其明确的战略考量，大多数是研发过程的惯性使然。大量的专利申请只是对研发项目中细微创新点的一般性保护，有些专利申请甚至只是为了提升专利权人自身影响力而已，这些专利战略则价值一般。真正具备技术意义上的价值基础和法律意义上的价值保障的高战略价值专利，主要是某领域的基本专利和核心专利，或者是为了应对竞争对手而在核心专利周围布置的具备组合价值或战略价值的钳制专利。对于企业而言，这些专利要么能用于攻击或威胁竞争对手，要么能用于构筑牢固的技术壁垒，要么能用于作为重要的谈判筹码，或者兼而有之。这也是国内外一些知名企业知识产权管理人员的共识。

2. 专利价值分析指标

总体上看，影响专利价值的因素是多方面的，因此，理论界和实务界在进行专利价值评估时，往往很难全方位地考虑到所有的因素。而且，由于市场环境的变化、专利持有人的不同、科学技术的发展等外部环境的变化，专利价值也是动态地发生着变化的，这也给专利价值评估带来了很大的不确定性。

下面主要围绕专利的技术价值、法律价值和经济价值，介绍一些影响专利价值的指标（表2-1至表2-3）。

表2-1　技术价值指标的定义与评判标准

指标	定义	评判标准
先进性	专利技术在当前进行分析的时间点上与本领域的其他技术相比是否处于领先地位	根据以下几个方面进行分析：所解决的问题、技术手段、技术效果

（续表）

指标	定义	评判标准
行业发展趋势	专利技术所在的技术领域目前的发展方向	行业发展报告；该专利国际分类号的小类或大组的专利数量的时间分布情况
适用范围	专利技术可以应用的范围	专利说明书的背景技术，对技术问题的描述以及独立权利要求
配套技术依存度	专利技术可以独立应用到产品，还是经过组合才能应用，即是否依赖于其他技术才可实施	专利说明书的背景技术和技术方案部分的描述，结合现有技术发展状况
可替代性	在当前时间点，是否存在解决相同或类似问题的替代技术方案	对相关专利的问题描述；检索解决相同问题或类似问题的其他技术方案；检索该专利引用的背景技术；以及引用本专利的后续专利
成熟度	专利技术在分析时所处的发展阶段	根据国家标准《科学技术研究项目评价通则》（GB/T 22900—2022）

表 2-2　法律价值指标的定义与评判标准

指标	定义	评判标准
稳定性	一项被授权的专利在行使权利的过程中被无效的可能性	权利要求特征多少、上位下位；同族专利授权；本专利及同族专利经过复审、无效程序，或涉及诉讼的结果等
不可规避性	一项专利是否容易被他人进行规避设计，从而在不侵犯该项专利专利权的情况下仍然能够达到与本专利相似的技术效果，即权利要求的保护范围是否合适	将独立权利要求的每个特征分解出来，对每个分解特征进行分析，然后再对该权利要求的所有特征的不可规避性地评分求平均
依赖性	一项专利的实施是否依赖于现有授权专利的许可，以及本专利是否作为后续申请专利的基础	通常可以由权利人提供或通过检索确定在先专利以及衍生专利
专利侵权可判定性	基于一项专利的权利要求，是否容易发现和判断侵权行为的发生，是否容易取证，进而行使诉讼的权利	可以将独立权要求的每个特征分解出来，对每个分解特征进行分析，然后再对该权利要求的所有特征的专利侵权可判定性的评分求平均，以获得该权利要求的专利侵权可判定性分值
有效期	基于一项授权的专利从当前算起还有多长时间的保护期	根据检索报告
多国申请	本专利是否在除本国之外的其他国家提交过申请	根据检索报告
专利许可状态	本专利权人是否将本专利许可他人使用或者经历侵权诉讼	根据检索报告

表 2-3　经济价值指标的定义与评判标准

指标	定义	评判标准
市场应用情况	专利技术目前是否已经在市场上投入使用；如果还没有投入市场，则将来在市场上应用的前景	市场上有没有与该专利对应的产品或者基于专利技术生产出来的产品；行业专家判断
市场规模情况	专利技术经过充分地市场推广后，在未来其对应专利产品或工艺总共有可能实现的销售收益	理想情况下同类产品的市场规模乘以专利产品可能占到的份额
市场占有率	专利技术经过充分地市场推广后可能在市场上占有的份额	专利产品在其他类似产品中市场占有的数量比例；如果专利产品还没有投入市场，则根据功能和效果最接近的成熟产品所占有的比例进行估计
竞争情况	市场上是否存在与目标专利技术的持有人形成竞争关系的竞争对手，以及竞争对手的规模	与本专利技术构成直接竞争关系的产品或技术的持有者、实施者与本专利的持有人之间的实力对比，例如公司的总体营业额
政策适应性	国家与地方政策对应用一项专利技术的相关规定，包括专利技术是否是政策所鼓励和扶持的技术，是否有各种优惠政策	高新技术产业和技术指导目录

六、专利价值评估的工具

专利价值评估工具有不少，在这里简单介绍 2 个评估工具。

1. 评估工具——IPScore

IPScore 最初由丹麦专利局与哥本哈根商学院合作研发，用于评估专利或技术项目的价值，因其使用相对简便并且结果参考性较强，被欧洲公司尤其是中小企业广泛使用，IPScore 的开发基于 Microsoft Access 2000 数据库，它为用户提供了一个评估及有效管理专利的框架，用户可通过登录欧洲专利局网站进行注册，即可免费下载。IPScore 可通过客观结果、风险机遇、财务前景、投资前景和净现值分析 5 个维度展示专利的价值。

IPScore 综合了技术、法律、经济、财务和战略 5 方面因素，并且细分为 40 个具体问题，每个问题又分为 5 个分数等级，相当于对每个专利有 200 个排列组合因素。功能全面，兼具质量评价、价格评估和收益预期功能，既能够给出质量分数，同时也可以估算出参考价格和未来收益。操作简便，便于上手。软件本身免费，并且允许下载。

IPScore 也存在一些问题，主要表现为：一是评估方法基于固定算法，非基于大数据的动态分析，对各个维度间的关联性考虑不足，分析能力有待完善；二是其图形界面比较简陋，输出的图表也不够美观，输出形式有待完善；三是难以处理批量数据，不适合进行大数量级的专利分级管理；四是在使用中，用户需要围绕专利详细回答法律、技术、市场、财务、战略等各方面的问题，即需要使用者对技术本身知根知底，又需要对财务、专利知识等比较了解，为了科学评估，使用者需要回答有关企业财务、战略等保密性较强的问题，因此对数据要求较高，致使部分数据难以获取。

2. 评估工具 SMART3

SMART3 专利分析评估系统是由韩国专利局下设的发明振兴会所开发的在线专利分析评估系统，其目的在于促进知识产权的转化运用，应用领域包括竞争企业专利分析、M&A 专利尽职调查、R&D 专利质量评价、专利技术交易和专利纠纷的预防等。

其评分基于 3 个维度：权利强度、技术质量和应用能力。3 个维度共下设 8 个因素，8 个因素下涉及独立要求项长度、国内外同族专利数、总被引用次数、回收提交的意见书和被许可人数等 47 个指标，并且其评估模型按照电气电子、机械、物理·材料、化学和生物五大技术领域有所区别。

该系统主要利用统计学方法进行概率分析，主要功能在于判断是否继续维持专利并对专利进行初步评级，其优势在于该系统为韩国专利厅知识产权交易服务平台体系的一环，结合 SMART3 的评估结果、技术交易在线平台 IP-Market 和知识产权运营网络 IP-PLUG，使专利的评价能够融入市场，为专利的实际运营提供良好的支撑。但它对于市场价值、许可费率、应用或侵权参考作用有限。

七、高价值专利培育

知识经济时代"大浪淘沙"，专利实力日渐成为构建竞争优势和激发创新活力的核心要素。谁能运用专利抢占技术和市场的制高点，谁就会所向披靡大展宏图。如同高铁列车的传动系统一般，高价值专利为创新主体挖掘经济增长点和抢占市场制高点提供了强劲动力。

2021 年 3 月 11 日，《中华人民共和国国民经济和社会发展第十四个五年规划和 2035 年远景目标纲要》发布，提出要更好保护和激励高价值专利，并首次将"每万人口高价值发明专利拥有量"纳入经济社会发展主要指标，明确到 2025 年达到 12 件的预期目标。

高价值专利培育，技术创新是源头。专利申请只是创新价值链条开始的第一步，如果无法实现转化应用，那么专利的价值就是零。专利是产学研合作的基础，高校院所的专利只有与产业对接才能服务社会。专利的运营交易就像"找对象"，找不到好婆家，就体现不出价值。

高价值专利培育，服务机构是纽带。专利是创新主体的重要资产，然而很多创新主体不能形成有效的专利布局，这就无法体现专利背后巨大的市场价值。高品质的专利服务应该是从专利产生到形成价值的全链条服务。专业的信息服务，能让创新主体真正认识到专利质量的重要性。服务机构在培育工作中不仅要完成项目既定任务，更要为创新主体解决实际问题，帮助创新主体确立市场竞争中的优势地位。

从全国看，江苏省是国内最早开展高价值专利培育的省份，2015 年在全国率先设立高价值专利培育计划，并将其作为引领专利质量提升的示范工程、建设引领型知识产权强省的特色任务、支撑经济转型升级的重要抓手，持续加以推进。该计划支持重点发展的战略性新兴产业、先进制造业集群等产业领域的创新主体。优先支持相关产业龙头企业、国家专精特新"小巨人"企业、国家制造业单项冠军企业以及江苏省重点扶持的重大创新载体。至 2022 年底，共计投入 2.56 亿元，建成 99 个省高价值专利培育示范中心。这一创新机制和工作模式，也被国家知识产权局作为第一批知识产权强省建设试点经验与典型案例，在全国范围内推广。目前，江苏省 13 个区（市）均设立了市级高价值专利培育项目，部分县（市、区）开展了本地区高价值专利培育工作，形成了省市县三级联动、梯次培育的工作格局，为各地重点产业创新发展提供了重要支撑。

1. 高价值专利的内涵

虽然国家尚没有关于高价值专利的权威性定义，在基础理论方面也没有定论，但在实务方面，判断高价值专利仍然有迹可循。我们认为，高价值专利应具备以下 4 个特征。

（1）高水平技术研发

高水平技术研发指专利有一个高水平、高技术含量的技术方案，在新颖性和实用性基础上，具有较大的技术进步性和创造性，能够在一定程度上改变行业技术发展的方向，而且对行业的技术进步有重要引领作用，或使技术趋向更加环保、更加实用、更加完善。

（2）高质量申请确权

高质量申请确权指专利对发明创造作出了充分保护的描述，依法享受的保护范围适当，专利申请文书撰写质量较高，权利要求特征表达准确，上下位架构合理，层次清晰，权利稳定性好，具有较强的排他性和不可规避性，在行使权利的过程中被无效的可能性较低。

（3）高效益转化运用

高效益转化运用指专利产业化市场应用前景广阔、政策适应性强、市场竞争力强，权利人通过对专利的占有、使用、转让、质押、投资等转化应用方式可获得较高收益或具有可以产生良好效益的潜力。

（4）高起点产业引领

高起点产业引领指专利在对产业开发新产品、开拓新市场、提高核心竞争力、获得发展新空间、给人类生活带来便利和改善，对社会作出贡献等方面具有重要引领性作用。

当然，这些都是可能构成高价值专利的充分条件。但反过来讲，高价值专利并不必然是满足上述所有条件的专利。比如，能实际带来较高经济价值的专利一定是高价值专利，而高价值专利则不必然直接带来较高经济价值。因此，高经济价值的专利是高价值专利的充分条件，但不是必要条件。

发明专利、实用新型、外观设计均可能具备"高价值"的特征。高价值专利可以是孤立的专利发明，也可以是一系列专利组成的专利组合。真正的高价值专利是创新主体通过战略布局，在布局的过程中形成专利组、专利池，依靠不同专利之间的相互协同作用，打破孤立的专利在技术、时间保护上的局限性，从而使得技术的生命周期变长，对创新主体的创新技术和其产品构建完整、严密和持续的保护网络，从而达到有效保护自身专利技术的目的。

2. 高价值专利和高价格专利的关系

价值是价格的基础，价格是价值的表现形式。从狭义上讲，高价值专利是指具备高经济价值的专利。按照这个说法，高价值专利应该有高价格才合理，但是实际上高价值专利并不一定能有很高的交易价格。比如，一件在未来很有市场潜力的高价值专利，因为并不适合现阶段使用，所以有可能在现阶段就形不成很高的交易价格。但是反过来说，已经带来了高额经济效益的高价格专利就一定是高价值专利。

高价值专利和高价格专利既有联系又有区别，只有充分认识两者的关系才能更好地理解高价值专利。专利对于企业来说具有多方面的价值，但是最根本的价值还是要通过专利技术的实施，能够获得市场竞争优势，为企业创造利润，这才是衡量专利价值高低的最直接、最核心的判断标准。市场通常会瞬息万变，机会稍纵即逝，而专利制度本身又复杂精密、周期烦琐冗长，正是因为市场和专利的矛盾特性，才造成了专利价值培育和专利布局的难点。在抢占市场的同时，专利可以恰到好处地形成保护网，只有两者密切配合，才能帮助企业进一步形成市场优势。

3. 高价值专利培育系统

高价值专利培育是一个复杂的系统工程，具体由政策端、创新端、申请端、审查端和评估运营端组成。政策端是高价值专利培育的土壤和环境，涉及政府对于专利申请的激励政策或高价值专利相关培育政策等；创新端是高价值专利培育的源头和基础，涉及企业或科研机构等创新主体；申请端主要涉及企业和科研机构知识产权管理部门或专利代理机构，侧重于专利法律文本的形成；审查端主要涉及专利局或专利复审委员会等专利审查机构，侧重于权利要求保护范围和权利要求稳定性的确定；评估运营端主要是对高价值专利进行评估和运用。在系统的各个端发力，可以大大提升高价值专利或高价值专利组合产生的概率。

（1）政策端

政策端是发力端，是导航端。在政策端，政府主要发挥引导作用，不断完善制度环境、搭建知识产权公共服务平台，加强监督指导，为高价值专利的培育提供土壤和环境。通过逐步引导，并积极发挥市场配置资源的决定性作用，进一步加强知识产权管理、服务规范化，面向重点产业发展需求深入开展研发活动，实现专利创造和产业需求紧密对接，让高价值专利与产业发展相融合，从而更好地发挥出专利价值。

（2）创新端

在创新端，高价值专利的培育需要创新主体中的管理决策部门、研发部门、知识产权部门及市场部门等多方通力协作。其中，管理决策部门肩负创新主体长期经营战略和知识产权管理的决策职能，是高价值专利培育体系长期运作的"大脑"和"心脏"，需要确保为顺利开展高价值专利培育提供资源配置，包括高价值专利培育的战略制定、知识产权经费的预算保障、协调创新主体中其他角色等。研发部门是高价值专利培育体系中的"龙头"，负责制订研究开发、技术改造与技术创新计划，力争形成高水平的创新技术成果，并根据项目研发阶段与知识产权管理部门保持良好的沟通，对创新成果及时进行保护与布局。

（3）申请端

申请端是专利权获取、专利布局和未来专利实施的支撑，是法律价值形成的基础阶段。高价值专利的申请端主要涉及企业和科研机构的知识产权管理部门或专利代理机构，申请端的核心在于保障专利申请文本撰写质量，同时需要对专利申请的种类、时机等进行全面的分析与掌控。企业和科研机构的专利人员或专利代理人需要通过与创新端的技术研发人员保持持续而深入的沟通，确定合适的专利申请撰写方案，确定合理的权利要求保护范围；同时在专利申请过程中，积极与专利局进行沟通配合进行审查答复，保障高质量专利文本的形成。

（4）审查端

审查端负责对高价值专利培育过程进行修正、裁判，是法律价值的决定端。高价值专利的审查端主要涉及专利局及专利复审委员会，其主要职责是为按照专利法的规定进行高水平审查，严把授权关，使授予的每一项权利具有较高的稳定性。

（5）评估运营端

高价值专利培育周期一般相对较长，尤其是在多方同时参与的情况下，必须对评估过程进行管理和控制，例如创新端的技术创新质量的评估、申请端专利申请质量的评估以及审查端专利审查质量的评估，以及最终产生的高价值专利的价值评估等。在评估端中一方面需要研究确定各环节质量评估指标和体系，另一方面也需要培育若干业务精、信誉好的专门知识产权服务机构，专门负责高价值专利的遴选和推荐，从而让高价值专利培育能够更加有效。

4. 高价值专利培育内容

高价值专利培育主要包括以下内容。

（1）开展专利导航

专利信息服务是一项既包含法律服务，又包含专业技术服务的特殊服务。如果能够有效地利用专利信息，分析产业竞争态势，确定研发策略路径。不仅可以缩短60%的研发时间，还可以节省40%的研发经费。知识产权服务的专业化是促进创新的一个重要因素。创新机构通过与专业知识产权服务机构合作，可以比较全面地掌握相关领域的知识产权信息，制定合理的知识产权战略，从而绕过其他公司设置的专利网，并在权利受到侵害时获得更为及时和有效的保护。

（2）引导专利前瞻性布局及目标制订

高价值专利一般早于市场启蒙 3~8 年，通常高价值专利潜伏期的行业专利申请量不大，之后会出现大量的专利申请，不同行业可能有差距。高价值专利的未来经济规模在 5 年内是线性增长的。无论多大的创新投入，如果没有前瞻性布局及明确目标，很难在市场规模化过程中获得既得利润。

（3）建立专利产出和质量把控机制，提升专利申请文本撰写质量

通过培训改变发明人的意识和能力，明确申请专利的目的意义。专利查新检索是提升文本质量的关键之关键，重点是要发明人自己参与检索。同时必须建立明确的审查机制，从申请阶段明确核心专利及外围专利，明确专利的未来价值及应用防御、布局措施，量化部分可能性的质量指标。

（4）强化专利运用和保护

建立专利授权过程风险研判机制和专利无效诉讼风险防控机制，实现专利价值和风险把控。

（5）发挥高价值专利培育示范效应

通过高价值专利研讨会、交流会、推介会等形式，引领带动区域产业发展。

（6）强化知识产权全生命周期的管理

从发明披露、专利申请到产业化应用实行全流程管理。

5. 高价值专利培育路径

可以通过以下几个维度开展高价值专利培育。

（1）基于战略视角的高价值专利培育

专利战略本质上是通过与专利相联系的法律、科技、经济原则的结合，用于指导在经济、科技领域的竞争，以谋求企业和科研机构的最大利益。

专利战略分为进攻型专利战略、防御型专利战略以及混合性专利战略。

进攻型战略是指单位积极、主动、及时地申请专利并取得专利权，在专利权保护的基础上，利用专利抢占和垄断市场，以使单位在激烈的市场竞争中取得主动权，为其争得更大的经济利益的战略。进攻型战略又包括基本专利战略、外围专利策略、专利转让策略等。

防御型专利战略是指单位在市场竞争中受到其他竞争对手的专利战略进攻时，采取的打破市场垄断格局、改善竞争被动地位的策略。防御型专利战略包括取消对方专利权战略、文献公开战略、交叉许可战略、利用失效专利战略、绕过障碍专利战略、专利诉讼应对战略等。

混合型专利战略是指单位在市场竞争的环境、在产品市场运作过程之中，在时间上和空间上应对各种竞争对手的威胁，采取的进攻和防御相结合的战略手段的策略。

实际应用中，单位可根据不断变化的市场信息、不同竞争对手的不同情况以及同一竞争对手情况的变化情况，及时调整专利战略，形成"强者攻、中者守、弱者跟进"的灵活战略。高价值专利的培育也必须紧贴整体专利战略的部署，从而对专利战略形成支撑。

（2）基于竞争对手的高价值专利培育

市场是衡量专利价值的试金石。专利的技术方案设计再精妙，权利要求的保护范围再宽，若不能在市场上广泛应用，价值也无从谈起，专利证书最终只能沦为束之高阁的档案。市场风云变幻，技术日新月异，经得起市场考验的产品并不多，大多数最终会被市场淘汰，只有产品在市场上受到消费者的青睐，相关的专利才能实现价值。

专利是否具有市场价值，很大程度上取决于市场上竞争对手的情况。如果这些专利的技术方案是大多数竞争对手都采用的方案，那显然具有极大的市场价值，掌握这些专利，也就从某种程度上掌握了市场。因此，要培育具有市场价值的专利，对竞争对手的产品与专利情况进行系统分析是重要的手段，在了解竞争对手的产品与专利之后，针对性地进行专利布局，这些专利相当于给竞争对手设置了进入市场的障碍，因此专利的市场价值就高。主要的步骤如下。

第一步：了解自身的产品与专利。完成产品与专利映射，即梳理产品相关专利组合中每个专利的、权利要求覆盖范围，然后与相关的产品特征进行比对，以确定产品特征与相关专利组合的对应关系。这里必须强调的是，产品与专利的映射，其本质应该是产品或技术模块与专利保护范围的对应。有些包含专利数量很大的专利组合，其专利的保护范围不一定宽。自身产品特征与专利映射完成之后，也就清楚了专利权人自身的产品与专利组合，以及每个专利组合的保护范围，这一步是做到"知己"。

第二步：了解竞争对手的产品与专利情况。可以对竞争对手的专利组合进行同样的分析。系统地确定竞争对手专利布局的强弱，再结合自身的发展战略不断调整专利申请。与竞争对手专利组合的比较是专利组合管理的重要参考，但并不意味着在某一方面专利组合比较弱，就需要立即加强这方面的专利培育，实际上要考虑很多其他因素，比如专利权人的发展战略、技术的发展状态等因素。如果某项技术在很多年前就已存在，技术已相对成熟，再创新的空间有限，加强这一方面的专利培育也不能在将来有效阻止竞争对手，那么就可以不在这一方面进行专利布局，这些都要根据具体情况决定。

对自身专利组合与竞争对手专利组合的对比，往往也是专利放弃和许可的依据，及时放弃各个专利组合中无价值的专利，将专利组合中专利权人不再运用，但依然有一定商业价值的专利许可或转让给第三方实现专利的货币化。无论是专利申请的挖掘、专利购买及其他优化自身专利组合的活动，以及放弃或许可等专利货币化的行为都需要在专利信息上做到对竞争对手专利情况的系统把握，做到"知彼"。

第三步：基于自身与竞争对手的专利比较情况，进行针对性的专利布局。在做到知己知彼的基础上，专利工作人员可以向研发人员提供不同的技术细节，并说明哪些方面竞争对手已经具有相关的专利，哪些是过期的技术可以直接采用，这样技术人员可以清晰地了解目前的技术状况，在此基础上进行创新，专利工作人员对这些新的创新点进行可专利性评估，综合考虑技术的可实现性、成本等因素，将有价值的技术方案申请为专利。

（3）基于技术标准视角的高价值专利培育

根据国际标准化组织的定义，技术标准是指相关产品或服务达到一定的安全要求或市场准入要求的技术具体实施方式或细节性技术方案的规定文件，技术标准中的规定可以通过技术指导辅助实施，具有一定的强制性和指导性功能。技术标准的制定者希望通过技术标准的制定，来增进社会的生产效率，从而提供更好的技术产品或服务质量，因此，技术标准具有普适性和公益性，促进公共利益是制定技术标准的最终要求。而专利权是一种排他性的私有权利，因此在技术标准的推广实施过程中势必要取得专利权人的许可授权后，技术标准的实施者在实施技术标准的过程中才不会出现侵犯他人专利权的情况。

专利标准化指将专利与技术标准紧密结合起来，将专利纳入技术标准的一种战略模式。涉农专利标准化是以专利技术为后盾，立足于技术标准而制定的旨在使单位获得有利市场竞争地位的总体性谋划，也是单位从国内外竞争形势和自身条件出发，谋求在市场竞争中占据主动，有效排除竞争对手的重要手段。一旦专利纳入了技术标准，那么专利的权利人即掌握了技术制高点，竞争对手难以在短时间内复制，权利人将在激烈的市场中拥有极大的竞争优势。此外，由于标准的广谱特性，竞争者必须满足标准才能参与市场竞争，将迫使竞争对手放弃原有技术路线的研发，造成其研发浪费。可见，进入标准中的专利无疑是属于高价值专利的范畴。

专利标准化的培育经历技术专利化、专利标准化 2 个阶段。

第一阶段是基于技术研发，对技术进行挖掘并形成专利申请，完成技术专利化。

第二阶段是将专利申请过程与标准起草制定过程同步进行并紧密融合，从而完成专利标准化的过程。在专利权人完成技术研发后提出专利申请，同时向标准化组织提交含有专利技术方案的文稿。

在此期间，一方面专利申请经过实质审查，可能会根据专利审查员的审查意见对申请文本进行多次修改，最终获得专利授权。与此同时，标准草案也需要反复地讨论修改，这样才能形成最终发布的标准。因此，专利最初申请的权利要求保护范围和最后形成的标准之间已经不能完全匹配，需要将最终的专利授权文本的权利要求与最终发布的标准之间进行权利要求比对分析，自行判断专利是否包括在标准中。

6. 高价值专利评估报告实例

高价值专利评估报告

专利不仅是技术创新的阶段性产出成果，同时也能对后续的技术创新产生重要的影响。作为一种新兴生产要素，以专利为代表的知识产权在世界产业竞争中发挥着越来越重要的战略性作用。当前，我国已成为知识产权大国，但仍不是知识产权强国，主要问题在于以专利为主的知识产权质量总体不高，高价值专利还不多。党的十九大报告指出，我国经济已由高速增长阶段转向高质量发展阶段，培育高价值专利不仅是构建知识产权运营体系、提升知识产权运用水平的现实选择，也是深入实施创新驱动发展战略和推动高质量发展的客观要求。国务院《关于新形势下加快知识产权强国建设的若干意见》提出，实施专利质量提升工程，培育一批核心专利，提升知识产权附加值和国际影响力。江苏省政府《关于知识产权强省建设的若干政策措施》也明确要求，激发知识产权创造活力，提高知识产权产出质量。相关政策的出台为高价值专利培育工作开展指明了方向，但落实到具体实务，需要明确什么样的专利是高价值专利，它们应具备哪些共同性、典型性特征？需要提出操作性强、普适性好、适合中国国情的高价值专利评估方法，以更好地指导高价值专利评估和培育实践。

专利集技术、经济、商业、法律等相关信息于一体，它在数据的可得性和完整性以及创新信息的披露等方面具有突出优势。与其他信息相比，专利信息在评判技术水平、技术趋势和商业价值方面具有无可比拟的作用。专利价值评估目前是创新管理和科学计量学领域的一个研究热点。专利技术价值评估涉及面广，对专利技术价值的评估和比较应该是多维的。大部分专利价值难以直接测量，但某些特征与专利价值存在密切联系。为了考察影响专利质量的诸多因素，学者们从不同方面对专利价值进行了专题研究。许华斌等对专利价值评估研究现状进行了分析，金泳锋等利用层次分析法对专利价值进行模糊评估，胡小君等建立了基于专利结构化数据的专利价值评估指标，黄洪波等从专利技术价值、市场价值、经济效益出发建立了评估指标体系，李晓峰等利用可拓理论从市场竞争优势、生产能力、技术能力等方面建立了技术创新综合风险测度模型。通过梳理分析相关文献发现，目前现有的评估指标和方法，存在评估过程和方法烦琐、不利于推广使用、评估指标模糊无法定性衡量，直接指标较少，不能构成一个比较完整的指标体系，部分指标权重需要人为设定等问题，缺乏可供实际操作的有效识别方式，评估方法的科学性、评估体系的完整性、评估成果的实用性等方面都存在提升空间。

为了评估高价值专利，选取已经被市场检验的具有代表性的高价值专利，具体以中国专利奖获奖专利为分析样本，中国专利奖是国家知识产权局依据《中国专利奖评奖办法》，专门针对具有更高价值的专利颁发的奖项。评选指标包括专利质量、技术先进性、运用及保护措施和成效、社会效益及发展前景。每年均有数百项在专利质量、技术先进性等方面综合表现突出、并且能在社会或行业领域内产生重大影响的专利获得该奖项。研究中国专利奖获奖专利的内涵和特征，对于形成高价值专利构成要素的整体性判断具有重要的现实意义。本报告拟从专利特征、发明人特征、权利人特征 3 个维度入手，分析挖掘获奖专利内涵特征，提取高价值基因，建立高价值专利评估指标体系和评估模型，并对模型有效性进行验证，从而给出高价值专利的判定方法。相关研究结论可为政府、科研机构、企业识别高价值专利、优化专利组合、培育高价值专利提供参考。

一、什么是高价值专利？

专利价值呈现高度偏态分布。Scherer 和 Harhoff 通过调查发现，772 项德国专利样本中，约 10% 的最具价值专利占全部专利价值的 84%，222 项美国专利样本中，约 10% 的最具价值专利占全部专利价值的 81%~85%，由此得出结论，即绝大多数专利都只具有极小的价值，甚至毫无价值，仅有极少数专利具有较高的价值。因此，通过对专利内容的计量分析，挖掘某一技术领域的高价值专利，有助于把握行业技术发展水平，准确预见技术的突破方向与应用场景，为相关机构或个人的创新活动提供更有针对性的重要情报支撑。

虽然国家尚没有关于高价值专利的权威性定义，在基础理论方面也还没有定论，但在实务方面，判断高价值专利仍然有迹可循。一般认为，在某一技术领域中处于较关键地位、具有较大经济价值、对技术发展具有较突出贡献、对其他专利或者技术产生较大影响的专利或专利组合是高价值专利。专利价值的形成包含技术研发、申请确权、技术扩散、技术渗透 4 个阶段，覆盖专利从创造、保护、管理到运用的全过程。围绕这 4 个阶段，本报告提出"四位一体"的高价值专利分析理念，认为专利的高价值是高水平技术研发、高质量申请确权、高效益转化运用、高起点产业引领 4 个单维度价值的综合体现。

二、高价值专利评估指标体系构建

（一）指标构建原则

指标选取遵循以下 5 个原则：一是系统性原则，把选取指标看作一个整体，统筹考虑各个指标之间的关联，力争全面系统地评估专利；二是独立性原则，各个指标间应相对独立，关联性强的指标应尽量合并或者选择更具代表性的指标；三是可测性原则，选取指标应能进行测度，有些指标虽能较好地反映专利的特征，但是若可获得性差，也只能替换或放弃；四是科学性原则，选取指标应尽量采用国内外公认的或者具有较高代表性的指标，这样便于测度；五是实践性原则，指标设计要有明确的现实意义，各个指标应能在专利实践中找到依据。

（二）指标构建过程

指标体系构建分 2 个阶段进行。第一阶段为预构建，第二阶段为修正优化。根据预构建指标，对样本数据进行统计分析，之后根据统计分析的结果对指标进行修正和优化，从而提高评估指标的科学性和准确性。

预构建过程中，考虑到个别指标在不同维度都有价值体现，比如权利要求数，Lanjouw 认为专利要求保护的权利要求项越多，专利的技术特征就越多，专利也就相应地越先进或越重要，同时权利要求数的高低还能说明该专利被其他专利发明者所模仿的难易程度，权利要求数越高就越容易防止专利侵权现象的产生，形成的专利法律质量就越高。可见，该指标在专利技术价值和法律价值上都有反映，因此将该指标纳入高水平技术研发和高质量申请确权两类指标中。

（三）指标体系预构建

预构建阶段，对既有研究中的指标体系进行比较分析，选取使用频率高、代表性强的指标，最终从专利特征、发明人特征、权利人特征 3 个维度，初步形成高水平技术研发、高质量申请确权、高效益转化运用、高起点产业引领四大类共 40 个具体指标。

1. 高水平技术研发类指标

发明人专利量，指第一发明人累计申请的专利数量，是发明人创新能力的一种体现。

发明人数，指专利包含的发明人数总和，该指标有助于考察创新团队的创新能力。

权利要求数，指专利文本中权利要求的数量，权利要求数越多，保护范围越广，技术创新程度相应就越高。

被引数，指专利被后续专利引用的次数，Harhoff 和 Albert 很早就指出高被引专利具有更高的价值，可以直接作为识别重要专利的指标。

Trajtenberg 也认为专利被引证数越频繁，表示此专利是其后专利技术发展的基础，对科技发展影响深远。

被国外专利引证数，指专利被国外专利引用的次数，一项专利若能被多国专利所引用，表明其他国家的相关技术发展需要以该专利技术为基础，该专利在世界范围内具有技术的开创性和核心性。

自引数，指权利人引用自身专利的数量。"高自引"与权利人的自我更新过程相伴，是权利人构建专利壁垒、坚守下位技术市场份额、技术进步的重要信号。

核心发明人指数，指发明人专利量占权利人专利量的比值，该指标考察发明人在权利人集体中发挥的核心作用。

技术宽度，指一项专利涉及的 IPC 数，一项专利涉及的 IPC 数量越多，专利保护的宽度越广，也就越具有价值。

技术融合度，指一项专利涉及的非主分类号下的 IPC 数，该指标考察专利技术与其他技术的交叉融合性。

2. 高质量申请确权类指标

授权周期，指专利申请日到专利授权日所经历的年数，该指标考察授权的难易程度。

同族数，指专利拥有同族专利的数量。Lanjouw 发现专利质量与专利家族规模之间存在正相关关系。同族数量受领域特色影响较小，不同领域的专利同族数量之间具有比较意义。

PCT 申请数，指通过 PCT（专利合作条约）形式申请的专利数。Merges 指出，是否为 PCT 申请可以作为专利的评估指标之一。

他国授权数，指专利在国外获得授权的数量。国际授权量是全球公认的衡量创新能力的重要指标，权利人更愿意为具有高技术价值和经济价值的专利申请更多的专利保护国家。该指标比 PCT 申请量对专利价值的表征度更高。

权利要求数，指专利文本中权利要求的数量。一项专利主张的权利要求数量越多，就越容易防止专利侵权现象的产生，拥有排他性权利的机会也就越多。

引证专利文献数，指专利引用的专利文献数。

引证非专利文献数，指专利引用的非专利文献数。Harhoff 认为可以采用引证专利数、引用非专利文献构建综合专利价值评估指标体系。

引证国外专利文献数，指专利引用的国外专利文献数，该指标考察专利的创新基础。

专利年龄，指专利存续的时间，维护专利需投入成本，若权利人认为专利效用水平较高，能够创造更多的经济价值和社会价值，那么专利的维持时间越长，因此该指标可以作为专利价值评估的判断标准之一。

无效后确权，指专利是否经历无效后再被确权，如果利益相关方提起无效宣告请求，说明相关专利对其构成了较大的威胁，如果经历无效程序之后专利权仍然稳定，则说明该专利具备较高的价值。

复审后确权，指专利是否经历了复审后再被确权，如果专利经过了复审程序之后才被授予专利权，则说明该专利具有较好的稳定性。

是否经历诉讼，指专利是否经历侵权诉讼。专利诉讼可以增加专利价值，专利侵权诉讼威胁越大，权利人获得的许可费或赔偿额就越高，其价值也就越高。

3. 高效益转化运用类指标

剩余寿命，指一项专利从当前日距保护期结束的年数，该指标考察专利的有效性。

技术成熟度，指专利在技术生命周期中所处的发展阶段，该指标考察技术的成熟性。

合作申请数，指专利合作申请的单位数，该指标考察专利的合作申请情况。

合作强度，指权利人平均每件专利合作申请的单位数，该指标考察权利人在产学研合作方面的能力。

许可数，指权利人许可专利的次数。

转让数，指权利人转让专利的次数，许可数和转让数这2个指标均表征专利在市场的接受程度，用来考察权利人的专利运用能力，虽然专利质量高并不一定专利实际价值大，但专利实际价值小，则专利价值一定不大。是否经得起市场考验，是衡量专利运用价值的重要因素。

质押数，指权利人将专利权作为质押标的物的次数，专利权的质押登记被认为是表征专利价值的一个指标。

实施例数，指专利说明书中的实施例数量。撰写质量通常与专利价值正相关，说明书会对发明的技术方案给出合理的扩展，实施例越多，则其对权利要求的支持越充分。

外观专利数，指权利人围绕专利技术所申请的外观专利数。外观设计专利一般在专利技术产品化阶段产生，因此该指标是考察权利人专利实施运用情况的一个切入点。

研发重心强度，指权利人主分类号专利量占其总专利量的比值，该指标考察权利人在专利技术领域的研发投入能力。

专利组合强度，指权利人平均每个 IPC 大组分类号下包含的专利数，该指标考察权利人构建专利组合的能力。专利技术虽然可以独立应用到产品，但更多时候，单一专利技术需要依赖其他技术才可实施，全套技术方案转化的可能性更大。专利组合不仅能形成整套解决方案，而且能发挥专利的集成价值，更利于专利应用，并且能提供更强有力的专利保护。

4. 高起点产业引领类指标

获奖能力，指权利人获得省部级奖项的情况。该指标与技术能力形成的累积过程相匹配，考察权利人的行业地位。

市场份额，指权利人目标专利主分类号下专利量占该领域市场总专利量的比值。该指标考察权利人专利技术未来在市场上的应用前景以及专利市场竞争对手的情况与规模。如果权利人专利市场份额占比高，则竞争对手占比就低，存在解决类似问题替代技术方案的可能性就低，相应价值也就越高。

生命强度，指权利人全部专利的平均存续时间，该指标考察权利人专利的整体维持情况。

失效率，指权利人失效专利占总专利量的比值。Ernst 提出可将专利失效率作为专利质量的一个评价指标。

扩张强度，指权利人的总专利量在一定时期内的年均增长率，该指标体现权利人的持续发展态势，考察权利人的专利扩张能力和持续创新能力。

技术深耕强度，指权利人在目标专利同一主分类号下的专利量在一定时期内的年均增长率，该指标考察权利人在目标专利技术领域的技术深耕能力。

同类专利数，指权利人在目标专利同一主分类号下的专利数，权利人在某一专利技术领域累计专利量是其形成整套技术解决方案，并衡量行业地位及构建专利组合能力的一个重要指标。

创新活力强度，指权利人所有发明人中，每位发明人平均拥有的专利数，该指标考察权利人所属创新团队的整体创新活力。

三、数据与方法

（一）数据来源

数据源自国家知识产权官方网站公布的 16—20 届中国专利优秀奖获奖专利，选取其中的 300 件发明专利作为分析样本，其中，16—19 届每届选取 50 件专利，20 届选取 100 件专利，总计 300 件专利。为力求样本数据具有普适性，选取专利涉及材料、电子、光电、化学、机械、通信、医药卫生等多个领域，其中材料领域 31 件，电子领域 83 件，光电领域 29 件，化学领域 56 件，机械领域 34 件，通信领域 18 件，医药生物领域 49 件。通过国家知识产权局专利检索平台、"专利大王"小程序、江苏省专利信息检索分析云平台、SOOPAT 专利搜索平台进行专利数据分析和特征抽取。统计截止时间为 2019 年 10 月 31 日，其中专利扩张强度和技术深耕强度中专利量年均增长率的统计时间均为 2010—2019 年。

（二）数据处理

本报告统计主分类号下的专利量，均以 IPC 大组为准。技术成熟度是通过分析目标专利所属分类号（按 IPC 小类）的专利授权量年度趋势，得出专利技术所处的技术发展阶段。剩余寿命的计算式为：20 年-（当前日-申请日）/12 月，由于样本专利的获奖年度不一致，若全部以当前日计算剩余生命显然不科学，本报告统一以获奖年度的 12 月份作为当前日。同类专利数中，由于通信产业比较特殊，比如华为如果以 IPC 大组计算同类专利数，专利数达 29 107 件，和其他样本专利的数量不在一个同一数量级上，可比性较差，因此华为和中兴等通信企业单位均以 IPC 小组计算同类专利数。权利人有效专利平均年龄的计算式为：（专利数量×专利年龄）/专利总数量。

指标分为连续变量和分类变量，除了获奖能力（1 表示获奖，0 表示未获奖）和技术成熟度（1 表示技术衰退期，2 表示技术成熟期、3 表示发展期）指标除分类变量外，其余均为连续变量，分类变量采用取对数值进行标准化处理，连续变量采用归一化进行无量纲化处理，方法如下。

设第 ij 个指标的原始值 X_{ij} 的对应的高值水平为 m_{max}，低值水平为 m_{min}，则归一化后的指标为 T_{ij}，由于每个指标的数值具有不同特性，有些指标数值越高越好，有些指标数值越低越好，连续变量中失效率为负向指标，其余均为正向指标，不同正负指标的归一化公式为：

正向指标的标准化：

$$T_{ij} = \frac{x_{ij} - m_{\min}}{m_{\max} - m_{\min}}$$

负向指标的标准化：

$$T_{ij} = \frac{x_{ij} - m_{\max}}{m_{\min} - m_{\max}}$$

式中，$i=1, 2\cdots n$，$j=1, 2\cdots n$。

（三）研究方法设计

1. 专利价值评估建模

专利的高价值是高水平技术研发价值、高质量申请确权价值、高效益转化应用价值、高产业技术引领价值4个维度价值的综合体现，这4个维度的单项价值同等重要，因此每个单维度价值就不另外赋予权重了。高价值专利的综合价值计算公式如下：

$$V = \sqrt[4]{V_1 \times V_2 \times V_3 \times V_4} \tag{2-1}$$

式中，V_1代表高水平技术研发价值，V_2代表高质量申请确权价值，V_3代表高效益转化应用价值，V_4代表高产业技术引领价值。

各单维度价值V_i计算公式如下：

$$V_i = \sum_{k=1}^{m} \alpha_k w_k \tag{2-2}$$

式中，V_i为第i个维度的专利单项价值，$i=1\sim4$，m表示该维度中指标的数量，α_k为第k个指标的归一化数值，ω_k表示α_k对应的权重。

2. 评估指标权重计算

熵权法是一种根据指标变异性来确定指标权重的客观赋权法，其权重大小只与指标对应数值有关。在专利价值评估过程中使用熵权法，指标权重会依据各专利价值评估指标的实际数值的变异程度而确定，不受其他因素影响。采用此方法不仅从客观角度确定指标权重大小，也能反映指标权重随技术领域的变化状况，较好解决了评估指标在技术领域兼顾性差的问题，具体计算过程如下：

假设多因素决策矩阵如下：

$$M = \begin{matrix} A_1 \\ A_2 \\ \vdots \\ A_m \end{matrix} \begin{bmatrix} X_{11} & X_{12} & \cdots & X_{1n} \\ X_{21} & X_{22} & \cdots & X_{2n} \\ \vdots & \vdots & & \vdots \\ X_{m1} & X_{m2} & \cdots & X_{mn} \end{bmatrix} \qquad (2-3)$$

则用：

$$P_{ij} = \frac{X_{ij}}{\sum\limits_{i=1}^{m} X_{ij}} \qquad (2-4)$$

第 j 个因素下第 i 个方案 A_i 的贡献度。

用 E_j 表示所有方案对因素 X_j 的贡献总量：

$$E_i = -k \sum_{i=1}^{m} P_{ij} ln \ (p_{ij}) \qquad (2-5)$$

式中，常数 $K = 1/ln \ (m)$，$0 \leqslant E_j \leqslant 1$，当某个因素下各方案的贡献度趋于一致时，$E_j$ 趋于 1；当全相等时，可以不考虑该目标的因素在决策中的作用。由此可看出因素值由所有方案差异大小来决定权系数的大小。为此可定义 d_j 第 j 属性下各方案贡献度的一致性程度：

$$d_j = 1 - E_j \qquad (2-6)$$

各因素 W_j 权重如下：

$$W_j = \frac{d_j}{\sum\limits_{j=1}^{n} d_j} \qquad (2-7)$$

3. 权重计算方法的改进

采用熵权法计算指标权重的现有文献中，通常对所有指标采用一次熵权法计算权重，但在本研究中由于指标较多，这些指标对考察专利各维度价值均有意义，因此不对这些指标做降维处理，而是采用 4 次熵权法计算指标权重，即在计算每个单维度价值权重时，均采用熵权法来计算。

四、实证研究

（一）描述性统计分析

300 件获奖专利中，权利人为高校的 37 件，为科研院所的 29 件，为企业的 226 件，为个人的 8 件，企业中有 15 件权利人原先为个人，后专利权变更为企业。通常认为高校和科研院所产出专利价值高，但分析发现，300件获奖专利中，权利人为企业的占比高达 75.3%，高校占比为 12.33%，科研院所占比不到 9.67%，个人占比 2.67%，若算上未变更权利人的 15 件个人产出专利，权利人为个人的占比可达 7.67%，与科研院所的占比仅相差 2%。

1. 专利保护方面

权利要求数均值达到 7.61 项，其中通信领域权利要求数最多，达 9.22 项，最低的是生物医药领域，为 6.37 项，总体差距不算大。授权周期在 2~4 年的专利为 186 件，占比 62%，通信领域授权周期较其他领域更长，授权周期最长的专利为北大方正集团有限公司 2006 年 12 月申请的专利"控制用户使用代理上网的方法"，授权周期长达 7.58 年。目前特定领域的专利可以通过快速预审通道进行申请，授权周期可以大大缩短，因此在考察专利授权周期时，不能将通过正常渠道和已通过快速预审通道申请的专利进行一并比较。

2. 技术成熟度方面

技术处于快速发展期的 47 件，处于成熟期的 226 件，快速发展期和成熟期的专利共计 273 件，在全部样本专利中占比 91%，处于衰退期的仅有 27 件，占比仅为 9%。这说明大部分专利在技术萌芽阶段，价值还不能够得到充分体现。

3. 专利引证和被引方面

样本专利中，93 件专利进行了自引，占比 31%；261 件专利引证了其他专利文献，占比 87%，其中 197 件专利引证了国外专利文献，占比 65.67%；198 件专利被引用，占比 66%，其中通信领域专利被引数最高，机械领域最低，通信领域的被引数是机械领域的 2.49 倍。但只有 29 件专利被国外专利引用，占比仅为 9.67%，具体分布为：材料领域 2 件，电子领域 10 件，光电领域 2 件，化学领域 7 件，机械领域 2 件，通信领域 3 件，医药生物领域 3 件，在被国外专利引用的专利中，绝大多数是被日韩专利引用，仅有 7 件专利被非日韩国家引用，占比仅为 2.33%。多项专利在专利被引、引证方面表现优异。比如，江苏移动通信有限责任公司的专利《基于互联网的智能卡远程写卡系统》，引证了日本专利 3 件、美国专利 1 件，被引数达 34 件，其中 8 件被 LG 电子株式会社、索尼株式会社、苹果公司等权利人引证；宁波激智新材料科技有限公司的"光学扩散薄膜及使用该光学扩散薄膜的液晶显示装置"，除自引外，还引证了日本专利2件、韩国专利1件，1件被韩国LG电子株式会社引用；北京超多维科技有限公司的"一种感应式2D-3D自动立体显示装置"，引证了美国、日本专利各1件，11件被引专利中，除1件自引外，分别被LG电子株式会社、东芝医疗系统株式会社等日韩知名企业引用。成都康弘生物科技有限公司的"抑制血管新生的融合蛋白质及其用途"，自引数为5件，4件引证了美国专利；中国科学院计算技术研究所的"一种单输出无反馈时序测试响应压缩电路"分别引证了2件日本专利和1件美国专利，5件被花王株式会社美国亨茨曼国际有限公司等公司引证。

4. 专利维持和有效性方面

样本专利平均年龄为8.18年，其中医院生物领域专利年龄最长，达到9.97年，光电领域最短，为6.67年，权利人的平均年龄为7.29年，统计发现专利市场各产业的专利平均年龄为3.60年，样本专利平均年龄全面高于市场专利平均年龄也高于权利人的平均年龄，在专利维持方面表现非常突出。样本中专利权利人的专利失效率均值为38.51%，其中大学失效率为38.87%，略高于均值；科研院所失效率34.74%，低于均值，企业失效率38.55%，与均值基本持平，三者在专利失效率上总体差别不大。从各细分领域看，生物医药领域失效率最高，达45.31%，通信领域专利失效率最低，为32.33%。中国科学院计算技术研究所、成都易态科技有限公司、广东兴发铝业有限公司在专利有效性方面表现优异，失效率分别只有16.59%、7.66%、9.13%。

5. 专利布局方面

255件专利同族专利数低于3，占比达85%，进一步分析发现，这255件专利均为本国专利族，本国专利族是指在同一个专利族中，每个专利族成员均为同一国家的专利文献，这些专利文献属于同一原始申请的增补专利、继续申请、部分继续申请、分案申请等。非本国专利族数仅为45件，占比15%，明显偏低，其中电子领域23件、光电领域4件、化学领域5件、机械领域2件、通信领域7件、医药生物领域2件，在各细分领域专利量中分别占比27.71%、13.79%、8.93%、5.88%、38.89%、4.08%，相较之下，通信领域表现优异，其中，中兴通讯股份有限公司的专利"一种物理上行控制信道干扰随机化的方法"，同族专利数达到 18，分别在欧专局、美国、日本、韩国、加拿大、俄罗斯等国家和地区进行了布局。

6. 行业影响力和技术深耕方面

样本专利中，275 个权利人获得了省部级以上奖励，获奖率为91.67%，在业内受到普遍认可。权利人为大学的专利市场份额为 2.53‰，科研院所为 5.16‰，企业为 7.61‰。大学主分类号专利量年均增长率为17.87%，科研院所为 22.53%，企业为 24.14%，大学和科研院所低于企业的原因可能是，大学和科研院所由于受体制机制影响，往往项目结束就转向其他项目的研发，因此在技术深耕上的投入要弱于企业。企业研发重心指数为 33.80%，大学和科研院所分别为 13.14% 和 18.64%，明显低于企业，如清华大学研发重心指数仅为 0.51%，中国科学院微电子研究所研发重心指数为 1.09%，偏低的原因可能是大学或科研院所尤其是大学，与企业性质不同，承担项目多，涉及研发方向多，获奖专利只是其众多研发领域之一。

7. 技术合作方面

权利人专利合作强度均值为 10.88%，其中化学领域合作强度最高，为14%，是机械领域的 2.06 倍。多个权利人在专利合作申请方面表现突出，比如，17 届获奖专利"一种有机电致发光器件"权利人为昆山维信诺显示技术有限公司，其专利产出量为 382 件，334 件为合作申请，合作强度达87.43%，该权利人分别与清华大学和昆山工研院新型平板显示技术中心等开展产学研合作；18 届获奖专利"控制、监督、监测一体化的铁路信号基础设备电子控制装置"权利人为兰州大成自动化工程有限公司，其专利产出量为 36 件，25 件为合作申请，合作强度为 69.44%，其中与兰州交通大学合作申请了 23 件，双方产学研合作关系非常紧密。19 届获奖专利"一种架空输电线路雷击闪络的预警方法"权利人为国网电力科学研究院，其专利产出量 1 462 件，合作专利数为 387 件，合作强度为 26.47%，该权利人与武汉大学、江苏省电力公司、西安交通大学分别合作申请了 38 件、45件和 22 件；20 届获奖专利"一种集成传感器"权利人为佛山市川东磁电股份有限公司，其专利产出量为 455，合作专利数 177 件，合作强度为38.9%，该权利人与佛山市程显科技有限公司和东南大学分别合作申请了127 件和 17 件。

（二）指标优化

从文献看，有些指标对评估专利价值很有意义，但在实务阶段，若某指标统计数值大部分为 0，或者有数值的比例较低，比如低于 10%，那么这个指标即使再有意义，现阶段分析价值都不大，应该将该指标删除或调整。

高质量申请与确权类指标中，只有 2 件专利复审后确权、4 件专利无效后确权、4 件专利经历诉讼，28 件专利有他国授权数，数值均太低，因此删除这 4 个指标。他国授权数是一个非常有意义的分析指标，能考察专利在国外布局的情况，但样本专利中，他国授权数占比偏低，现阶段考察意义不大，随着我国专利质量的提升，对外布局的能力不断提高，这 4 个指标在未来专利价值的衡量上可以作为一个非常好的选择。

高效益转化运用类指标中，只有 10 件专利有外观专利数，外观设计专利一般在专利技术产品化阶段产生，因此该指标是考察权利人专利实施运用情况的一个切入点，但其数值过低，只能删除。31 件专利有许可数、84 件专利有转让数、22 件专利有质押数，各单项数值整体偏低，因此把这 3 个指标合并为运用强度指标，数值为许可数、转让数、质押数的总和。

经过调整和优化，最后纳入模型的指标由原先的 40 个缩减至目前的 33 个。

（三）各领域主要指标分析

从表 2-4 看，材料领域在发明人数上表现优异，在技术宽度、技术融合度、引证专利文献数、引证国外专利文献数，研发重心指数、技术深耕强度上表现不错，但在同族数上表现较差；电子领域整体没有表现特别优异的指标，但在权利要求数、同族数、同类专利数上表现不俗，在技术宽度、研发重心指数上表现较差；光电领域在核心发明人、引证国外专利文献数上表现优异，在合作强度上表现也不错，但在专利平均年龄上表现较差；化学领域在合作强度、运用强度、实施例数，市场份额上表现优异，在其他指标上也表现均衡，没有表现特别差的；机械领域整体表现不算好，虽然在引证专利文献、技术深耕强度上表现优异，但在被引专利数、技术融合度、授权周期、合作强度、实施例上表现均较差。通信领域整体表现较好，虽然核心发明人、运用强度上表现较差，但在权利要求数、被引专利数、授权周期、同族专利数、同类专利数、失效率上表现优异，此外在实施例、市场份额、生命强度上表现也不错；医药卫生领域整体表现喜忧参半，在技术宽度、技术融合度、专利年龄、研发重心指数、生命强度上均表现优异，但在发明人数、权利要求数、被引专利数、引证专利文献数、引证国外专利文献数、市场份额、失效率、技术深耕强度上均表现较差。

表2-4　各领域主要指标均值

指标	全部领域	材料	电子	光电	化学	机械	通信	医药生物
发明人数（人）	4.32	4.94	4.46	4.31	4.77	4.35	3.67	3.4
权利要求数（件）	7.61	7.45	8.1	7.34	7.6	7.79	9.22	6.37
被引数（件）	2.87	3.29	2.9	1.66	3.48	1.85	4.61	2.6
核心发明人指数（%）	26.47	8.99	18.83	31.64	28.61	30.75	5.74	6.08
技术宽度（个）	2.58	3.03	1.98	2.38	2.64	2.21	2.33	3.74
技术融合度（个）	0.77	1.23	0.47	0.86	0.73	0.26	0.44	1.47
授权周期（年）	2.70	2.55	2.63	2.60	2.79	2.38	3.58	2.81
同族数（个）	3.10	2.10	4.00	2.70	2.50	2.85	6.20	2.10
引证专利文献数（件）	3.91	4.52	4.4	4.28	3.61	4.68	3.50	2.41
引证国外专利文献数（件）	1.46	1.71	1.54	1.93	1.61	1.47	1.44	0.69
专利年龄（年）	8.18	7.53	7.47	6.67	9.09	7.48	8.71	9.97
合作强度（%）	10.85	13.42	10.50	13.71	14.00	6.81	10.55	7.44
运用强度（次）	0.76	1.03	0.47	0.93	1.07	0.71	0.33	0.70
实施例数（项）	3.29	2.58	1.75	2.83	6.36	1.38	3.78	4.24
研发重心指数（%）	29.82	31.49	28.91	31.03	24.24	31.04	29.41	35.28
市场份额（‰）	2.18	2.12	2.08	1.68	3.26	1.98	2.37	1.48
生命强度（年）	7.29	7.06	7.05	6.85	6.98	7.09	7.10	8.67
失效率（%）	38.51	35.85	39.03	40.57	32.33	41.30	32.73	45.31
技术深耕强度（%）	23.31	28.07	24.72	20.21	22.25	40.76	15.89	11.57
同类专利数（件）	34.72	10.84	42.81	40.41	19.45	18.09	195.76	5.86

（四）模型构建

根据式（2-3）至式（2-7），计算得到专利单项价值中各指标的权重，根据式（2-2），计算得到各单维度价值得分如下。

高水平技术研发价值得分：

$V_1 = 0.114$ 发明人专利量$+0.107$ 发明人数$+0.196$ 权利要求数$+0.079$ 被引数$+0.076$ 被国外专利引用数$+0.087$ 自引数$+0.092$ 核心发明人指数$+0.175$ 技术宽度$+0.074$ 技术融合度

高质量申请与确权价值得分：

$V_2 = 0.126$ 授权周期$+0.097$ 同族数$+0.096PCT$ 申请数$+0.111$ 权利要求数$+0.146$ 引证专利文献$+0.243$ 引证国外专利文献$+0.114$ 引证非专利文献$+0.067$ 专利年龄

高效益转化运用价值得分：

$V_3 = 0.073$ 剩余寿命$+0.203$ 技术成熟度$+0.059$ 合作强度$+0.125$ 合作申请数$+0.086$ 运用强度$+0.156$ 实施例$+0.166$ 研发重心强度$+0.132$ 专利组合强度

高产业技术引领价值得分：

$V_4 = 0.252$ 获奖能力$+0.123$ 市场份额$+0.139$ 生命强度$+0.115$ 失效比$+0.106$ 技术深耕强度$+0.074$ 专利扩张强度$+0.091$ 同类专利数$+0.1$ 创新活力强度

从 V_1 看，权利要求数权重最高，在专利价值中占有重要位置，这也和很多学者的研究结论不谋而合；从 V_2 看，引证国外专利文献数权重较高，若某专利借鉴国际先进技术，从国外专利中提取了创新点，那么该专利可能在技术创新上起点就较高，专利质量相应就较高；从 V_3 看，技术成熟度权重较高，可能的原因是，在专利转让过程中，当专利技术处于发展或成熟阶段，市场需求较为旺盛，需要投入更多原始创新产品或迭代创新产品，所以在此阶段，专利更容易得到运用；从 V_4 看，获奖能力权重较高，可能的原因是获得省部级奖的专利成果，在业内获得了广泛认可，因此对产业发展起到了重要引领作用。

得到各单维度价值得分后，再根据式（2-1），即可计算得出专利综合价值得分。

（五）模型验证

为了验证模型的有效性并获得比较客观的验证结论，将验证样本数据分成2组进行比对分析，第一组为高价值专利，共20个测试数据；第2组为普通专利，同为 20 个测试数据。高价值专利测试数据的选取遵循下述 2 个原则：一是测试专利为业界公认的高价值专利；二是测试专利不选择构建模型时使用的高价值专利样本，基于这 2 个原则，从第十一届江苏省专利项目奖获奖专利中选取 20 件专利作为第一组测试数据，其中从金奖专利中选取 10 件专利，从优秀奖专利中选取 10 件专利，之后根据这 20 件测试专利的主分类号，随机选取 20 件授权发明专利作为对照样本。

由于样本数据和测试数据权利人的特征存在差异性，为提高有效性和可操作性，对个别指标进行如下调整：一是获奖能力指标，样本数据为中国专利奖获奖专利，而测试数据是省级获奖专利和普通专利，一般来说，普通专利的权利人获得省部级以上奖项的难度比较大，获取有数值的可能性不大，因此将测试数据的获奖级别调整为获得市级及以上奖励；二是失效比和研发重心指数指标，当测试专利权利人专利量过少时，比如有权利人专利量仅为 2 件，失效专利为 0，或者这 2 件专利均为同一主分类号时，那么这 2 个指标均会失真，这时候改由用均值替代。

根据单维度价值以及综合价值的计算公式，得出测试专利的单维度价值得分和综合价值得分，如表 2-5 所示。

表 2-5　测试专利得分值

序号	专利名称	V_1	V_2	V_3	V_4	V	排名
1	扫描驱动电路和有机发光显示器	0.179	0.494	0.400	0.379	0.238	4
2	咔唑肟脂类光引发剂	0.244	0.339	0.131	0.391	0.162	11
3	一种单缸插销式伸缩臂、起重机及其伸缩	0.364	0.575	0.187	0.440	0.259	1
4	一种降低单模光纤损耗的拉丝设备及其控制方法	0.188	0.637	0.279	0.358	0.228	5
5	铁路信号电缆及其制造方法	0.276	0.382	0.120	0.258	0.149	15
6	一种保坍型聚羧酸超塑化剂	0.305	0.129	0.293	0.391	0.165	10
7	一种制备用于体内递送药理活性物质的蛋白纳米粒的方法	0.347	0.442	0.365	0.251	0.241	3
8	一种同轴磁齿轮	0.213	0.279	0.233	0.303	0.161	12
9	端子连接装置、应用其的步进电机及步进电机的装配方法	0.152	0.230	0.203	0.397	0.141	16
10	α-（吗啉-1-基）甲基-2-甲基-5-硝基咪唑-1-乙醇用于制备抗厌氧菌药物的用途	0.223	0.205	0.184	0.305	0.137	17

(续表)

序号	专利名称	V_1	V_2	V_3	V_4	V	排名
11	从气体混合物中分离二氧化碳的溶剂和工艺	0.390	0.368	0.287	0.342	0.242	2
12	触控式液晶显示阵列基板及液晶显示装置	0.357	0.266	0.176	0.412	0.190	7
13	去甲托品醇的合成工艺改进	0.107	0.220	0.240	0.249	0.112	19
14	一种银行金融设备用超高性能水泥基复合材料及其制备方法	0.118	0.133	0.187	0.363	0.102	24
15	罐箱调温系统及罐式集装箱	0.113	0.354	0.373	0.334	0.171	8
16	实现多业务叠加的方法及装置	0.095	0.342	0.285	0.388	0.153	14
17	具有划伤自修复功能的聚丙烯热塑性弹性体及其制备方法	0.298	0.337	0.267	0.311	0.203	6
18	一种高纯度右丙亚胺的制备方法	0.209	0.310	0.230	0.326	0.169	9
19	一种负压闪爆工艺处理技术和设备	0.123	0.112	0.186	0.324	0.094	26
20	一种 TSV 露头工艺	0.081	0.157	0.261	0.391	0.109	20
21	一种显示面板及显示装置	0.125	0.103	0.238	0.355	0.103	22
22	一种电子束辐照喷淋法合成高性能吸水树脂的方法	0.296	0.296	0.140	0.329	0.159	13
23	一种起重机臂的顺序伸缩机构	0.081	0.160	0.158	0.214	0.076	33
24	调节和控制漏板底板膨胀变形的方法	0.059	0.237	0.206	0.283	0.093	27
25	一种防摩擦的网线	0.069	0.096	0.205	0.190	0.064	36
26	一种自由基聚合交联动力学调控的高强度水凝胶体系及其制备方法	0.184	0.063	0.209	0.246	0.084	29
27	一种水溶性氟苯尼考粉的制备方法	0.173	0.078	0.242	0.166	0.082	31
28	一种双转子永磁同步发电机	0.211	0.239	0.147	0.268	0.126	18
29	一种马达拆卸工装及拆卸方法	0.119	0.065	0.249	0.149	0.066	35
30	含 1，3-苯并噁唑二氟亚甲基吲哚酮类化合物及其制备方法	0.142	0.115	0.249	0.242	0.099	25
31	一种实现 HCl 气体吸收循环零排放的处理方法	0.059	0.213	0.221	0.050	0.052	40
32	阵列基板及液晶显示面板	0.121	0.149	0.196	0.132	0.077	32
33	一种异丙托溴铵的合成方法	0.127	0.169	0.184	0.186	0.090	28
34	一种节能环保型建筑材料及其制备方法	0.235	0.063	0.342	0.115	0.084	30

（续表）

序号	专利名称	V_1	V_2	V_3	V_4	V	排名
35	一种化工贮槽	0.048	0.138	0.197	0.183	0.062	37
36	一种报文转发方法、装置及转发设备	0.085	0.068	0.224	0.156	0.059	39
37	梯度发泡聚丙烯片材及其制备方法	0.312	0.086	0.151	0.291	0.106	21
38	2-哌嗪酮的制备方法	0.094	0.239	0.169	0.287	0.103	23
39	一种纺织业织物退浆用投入式沉底助洗棒	0.079	0.069	0.191	0.195	0.059	38
40	一种互连结构及其制造方法	0.097	0.049	0.211	0.351	0.071	34

注：序号1~10为第十一届江苏省专利项目金奖专利，序号11~20为第十一届江苏省专利项目优秀奖专利，序号21~40为对照的普通专利。

从专利综合价值得分和排名情况看，20件获奖专利中有18件专利得分位列前20名，通过专利价值评估模型计算得到的结果与实际情况吻合率达90%，模型有效性得到了验证。在前10名中，包含了4件金奖专利，前17名中，包含了所有的金奖专利。普通专利中，第22号专利和第28号专利得分进入了前20名，分别位列第13名和第18名；获奖专利中，第14号专利和第19号专利跌出了前20名，分别位列第24名和第26名。第22号专利的权利人是中广核达胜加速器技术有限公司，第28号专利的权利人是常州机电职业技术学院。仔细分析发现，第22号专利和第28号专利在高水平技术研发、高质量申请确权、高起点产业引领单项得分均表现不错，仅有高效益转化运用得分不佳；第14号专利的权利人是创斯达科技集团（中国）有限责任公司，第19号专利权利人是紫罗兰家纺科技股份有限公司，这2件专利在高水平技术研发、高质量申请确权、高效益转化运用指标得分均不高，但在高起点产业引领指标得分中表现出色。紫罗兰公司在发展历程中获得多项荣誉，先后获得"中国驰名商标""国家免检产品""中国家纺行业十强企业"等荣誉称号，而创斯达集团是亚洲高端安防产品制造商，这2件专利在江苏省专利项目奖评选中获得专家认可也是情理之中。

五、结语

本报告从专利单维度价值和综合价值2个层面界定了专利高价值的内

涵，认为高价值专利是高水平技术研发、高质量申请确权、高效益转化应用、高起点产业引领4个单维度价值的综合体现，在分析借鉴现有研究文献基础上，选取具有较高代表性并且可量化的指标，初步构建了评估指标体系。首先以2016—2019年不同领域的300件中国专利奖获奖专利为分析样本，从专利特征、发明人特征、权利人特征3个维度，通过实证分析归纳出高价值专利的典型性特征，提取专利高价值基因，并据此对初步拟定的指标体系进行调整和优化，删除了部分统计意义不大的指标，同时对部分关联性较强的指标进行了合并或重组，形成了专利价值构成要素的整体性判断。之后采用熵权法对各单维度价值相关指标进行赋权，分别构建了专利单维度价值得分模型和综合价值得分模型，实现了从客观角度对指标的赋权，避免了主观赋值带来的片面性，保证了指标权重的准确性。最后以江苏省专利奖获奖专利和普通专利作为测试样本，对模型进行了验证分析，结果表明，该模型具有较好的可测性、科学性、准确性、实用性，可以实现对不同领域高价值专利的评价。

研究也存在一定的不足之处，如专利指标作为专利价值的动态变量，其权重和其在评价体系中的效用不是一成不变的，可能会随着时域的变化而变化，因此需要考虑专利指标的动态演进特征，后期研究将基于此作进一步探索性分析，以丰富和完善已有的研究结论。

第三章　专利运用

专利成果只有同国家需要、人民需求、市场需求相结合，完成从科学研究、试验开发、推广应用的三级跳，才能真正实现其价值，才能更好地发挥其服务经济高质量发展的重要作用。

一、专利运用的概念

专利运用是指在技术创新、转移和扩散过程中，专利权人利用专利制度提供的专利保护手段及专利信息，谋求获取竞争优势或收益的总体性谋划。

二、专利运用的主要方式

专利运用是行使专利权的方式，其目的是实现专利技术成果的转化、应用和推广，促进科学技术进步和发展生产。

1. 专利运用的两个方向

（1）从专利成果出发找到可以被市场接受的产品

（2）从生产实践的需求出发找到可以解决相关问题的技术

2. 专利运用方式包括自主利用和他人利用两种方式

（1）自主利用

主要是专利权人直接或间接实施专利、禁止他人侵权使用等。

（2）他人利用

主要包括专利许可、转让、技术入股、拍卖、质押、商业特许经营、捐赠、强制执行、破产处分等，其中许可和转让是专利最主要、最基本的利用方式。

3. 几种常见的他人利用的方式

（1）专利许可

专利许可的方式主要有 5 种：独占许可、排他许可、普通许可、分许可、交叉许可。

① 独占许可

指在合同规定的期限和地域内，被许可方和许可方都对该专利技术及其产品拥有制造、使用和销售的权利，包括权利人在内的他人无权行使。

② 排他许可

指在合同规定的期限和地域内，被许可方和许可方都对该专利技术及其产品拥有制造、使用和销售的权利，但许可方不能再将技术许可给第三方。

③ 普通许可

指在合同规定的期限和地域内，被许可方和许可方都对该专利技术及其产品拥有制造、使用和销售的权利，而且许可方还可以把专利技术许可给第三方。

专利开放许可是指专利权人发出要约，凡希望实施其专利的人，均可按要约获得专利实施许可。专利开放许可本质上属于普通许可的范畴，权利人在获得专利权后自愿提出开放许可声明，明确许可使用费，由国家专利行政部门予以公告，在专利开放许可期内，任何人可以按照该专利开放许可的条件实施专利技术成果，可以减少谈判和交易的时间和成本，同时合理无歧视地授予有需要的中小微企业相关专利技术的许可。

④ 分许可

指许可方同意在合同上明文规定被许可方在规定的时间和地区实施其专利技术及其产品的同时，被许可方还可以自己的名义，再许可第三方使用该专利技术及其产品，被许可人与第三人之间的实施许可就是分许可。

⑤ 交叉许可

指许可双方将各自的专利技术，供对方使用。双方的权力可以是独占的，也可以是非独占的。

（2）专利转让

专利转让有 2 种形式，一是专利申请权转让，另一个是专利权转让。

在一般市场上看到的都是专利权的转让。专利申请权转让的话，是将专利证书上的申请人改为受让人。而一般常见的专利权转让，不会改变专利证书上的申请人。

（3）专利质押

专利质押是指经工商行政管理机关核准的具有独立法人资格的企业、经济组织、个体工商户，依据已被国家知识产权局依法授予专利证书的发明专利、实用新型专利和外观设计专利的财产权作质押，从银行取得一定金额的人民币贷款，并按期偿还贷款本息的一种新型贷款业务。

（4）专利权信托

专利信托是专利权人以出让部分投资收益为代价，在一定期限内将专利委托信托投资公司经营管理，信托投资公司对受托专利的技术特性和市场价值进行深度发掘和适度包装，并向社会投资人出售受托专利风险投资收益期权，或者吸纳风险投资基金，构建专利转化资本市场平台，从而获取资金流。

（5）专利拍卖

① 传统专利交易模式

传统的专利交易主要是通过双方谈判来实现。在双方谈判中，买家和卖家就交易的价格、支付方式等相关内容进行谈判，从而达成双方都同意的一系列条款，同时买家和卖家通常还签署了保密协议，就专利相关的保密信息等事项进行约定，但是这种私下交易模式存在如下3个突出的问题。

一是由于交易是非公开进行的，缺乏透明度，信息披露不充分，双方选择余地有限，加上专利的差异性较大，容易导致成交价格不能反映公平的市场价值。

二是即便双方进行过信息共享，仍然会存在信息不对称的问题，容易导致交易过程缓慢，从而增加交易的时间和成本。

三是对于卖家而言，由于无法聚集足够多的感兴趣的买家，因此不会产生竞价，容易导致成交价格偏低。

② 专利拍卖

专利拍卖是指以公开竞价的方式，将专利的产权转让给最高应价者的买卖方式。

2015年8月29日第十二届全国人大第十六次会议通过的《中华人民共和国促进科技成果转化法》第十八条规定，国家设立的研究开发机构、高等院校对其持有的科技成果，可以通过协议定价、在技术交易市场挂牌交易、拍卖等方式确定价格。这实际认可了拍卖行为本身就是一种专利价值的市场评估方式，将第三方的价值评估转变成卖家自发自愿的市场行为，有效简化了过去进行专利成果转化时的审批和评估手续，节约了交易成本，缩短了交易时间。

专利拍卖是对传统的技术转移方式的有效补充，可以作为权利人进行专利技术转移转化的一种重要手段。其公开透明的操作模式、高度市场化的定价机制和规范的交易流程对于完善专利技术转移体系有着重要的意义。

通过市场化的竞价交易方式来实现专利权转移，不仅促进了专利技术的快速高效流转，也为急需获取高质量技术成果的企业提供了快速、双赢的购买渠道。在当前促进专利技术转移转化的环境下，专利拍卖的好时机已经来临。

（6）专利技术入股

专利技术入股是指以专利技术成果作为财产作价后，以出资入股的形式与其他形式的财产（如货币、实物、土地使用权等）相结合，按法定程序组建有限责任公司或股份有限公司的一种经营行为。在运用专利进行出资中，除了涉及专利本身的特殊性外，更多地涉及《中华人民共和国公司法》的内容。

（7）专利强制执行

强制执行即强制许可，又称为非自愿许可，是指在法定情形下，国务院专利行政部门可以不经专利权人的同意，直接允许强制许可申请人实施专利权人的发明或实用新型的行政措施。强制许可有以下 3 种类型。

第一种是未在合理长时间取得使用权的强制许可。

比如某个单位或个人申请了一个专利，但是一直没实施，法律认为这种行为是浪费资源，某请求人发现该专利的权利人不用，但是他又想用，于是就提出申请。请求人应当具备的条件如下。

一是请求人必须是具备实施条件，也就是具备生产、制造、销售专利产品或使用专利方法的基本条件。

二是请求人必须曾以合理条件与专利权人就实施其专利进行过协商，合理的条件主要是关于使用费的支付、技术服务等双方需履行的基本义务。

三是请求人没有在合理长的时间内获得专利权人的许可。

第二种是为国家利益或公共利益的需要给予的强制许可。

在国家出现紧急状态或非常情况时，或者为了公共利益的目的，国务院专利行政部门可以给予实施发明专利或实用新型专利的强制许可。

第三种是从属专利的强制许可。

从属专利的强制许可是基于专利间的依赖关系授予的，即"一项取得专利权的发明或者实用新型此前已经取得专利权的发明或者实用新型具有显著经济意义的重大技术进步，其实施又有赖于前一发明或者实用新型的实施"。为了促进先进专利技术的实施，可以授予后专利权人实施前专利技术的强制许可，同时也可以授予前专利权人实施后专利技术的强制许可。

三、专利申请前评估

1. 什么是专利申请前评估

2020 年 2 月，教育部联合国家知识产权局、科技部印发了《关于提升高等学校专利质量促进转化运用的若干意见》（以下简称《若干意见》），要求"有条件的高校要加快建立专利申请前评估制度，对拟申请专利的技术进行评估"。这是国内政策文件中第一次明确提出"专利申请前评估"这一概念。

随后，2021 年 4 月，国家知识产权局、中国科学院、中国工程院、中国科学技术协会联合发布《关于推动科研组织知识产权高质量发展的指导意见》。2021 年 7 月，国务院办公厅印发《关于完善科技成果评价机制的指导意见》，2 个文件也强调要"建立专利申请前评估制度"。随着相关政策的推出，"专利申请前评估"越来越多地被提及。

根据国家文件精神，结合国内外相关工作实践，可以从两方面来理解专利申请前评估的内涵。从广义上讲，它是指对政府科研项目（行政规范要求）和非政府科研项目（自愿委托）的职务科技成果，就专利申请行为进行阶段性评估的制度安排和整体评议评价过程；从狭义上讲，是对科研团队拟申请专利的发明创造，从技术、市场、法律等方面进行评估，以决定是否申请专利。

2. 为什么要评

根据《若干意见》等相关文件精神，开展专利申请前评估，最基本的目的就是切实提升专利质量！

随着国家创新驱动发展战略的实施，各创新主体专利申请热情越来越高，其中高校院所专利申请量占了很大比重。但与专利申请量大对应的是，高校院所专利质量却整体上偏低，主要表现为专利实施运用情况不理想、专利维持年限短、专利申请文本质量不高等。根据有关调查，高校院所专利申请还存在诸多误区，如先发表论文再申请专利、独立权利要求越详细越好、缺乏高价值专利布局意识等。开展专利申请前评估，不仅可以减少重复申请、优化专利申请文本，还可以促进高价值专利布局。

总体来说，专利申请前评估是深入贯彻习近平总书记科技创新思想及知识产权强国建设精神的重要举措，它将重构高校院所科研管理体系，对提高科研人员素养与高校院所科研水平、提升专利质量、促进科研成果落地等都有重要意义。

3. 申请前评估的决策核心

科研人员需要考虑：

专利性：保护范围是否广泛？能否保护产品？是否属于在现有技术上的微小变化？

回报率：能否吸引被许可方或投资人进行商业化，弥补专利费支出？

普及性：申请专利有利于最大化应用技术吗？

成果转化部门或技术转移办公室需要考虑：

市场：发明可以满足市场的需求大小吗？市场规模有多大？属于朝阳产业还是夕阳产业？

技术：新技术与现有技术的比较优势是？进一步开发商业产品的时间和费用是？

专利保护程度：保护范围大吗？发明成熟度怎样？领域发展速度快吗？侵权吗？

发明人：是否了解市场需求？是否在行业内有知名度？对回报期望是否现实？

社会责任：公与私的平衡。

4. 评什么

专利申请前评估，评什么？具体可从 3 个维度来评。

（1）市场价值评估

一是评估发明是否具有实用性，主要考虑该技术是否可重复再现和产生有益的技术效果；二是应用价值，指能够满足人们某种需要的属性；三是市场应用前景。

（2）技术价值评估

专利申请前评估有别于专利审查员的工作，不专注于专利"三性"的审查和判断，评估重点在于能够反映技术价值的可替代性、独立性、成熟度等方面，一般来说，技术原理先进、技术方案成熟、实施时对其他技术依赖度低、替代性技术少的发明创造有较高的技术价值。

（3）法律价值评估

通过评估判断申请文本中保护主题是否全面、保护范围是否适中、从权部署是否具有梯度性、说明书技术效果推导是否合理且充分、实施例扩展的是否到位等，确保其法律稳定性。

5. 怎么评

有条件的高校院所要加快建立专利申请前评估制度，制定职务科技成果专利申请前评估工作机制和流程，根据技术研发情况和技术竞争环境，明确产权归属、费用分担和收益分配方式，切实提升专利质量。对于经评估认为适宜申请专利且技术创新水平较高、市场前景较好的职务科技成果，及时对接知识产权管理和运营机构，重点做好专利布局规划和转化运用等工作。对于经评估认为适宜作为技术秘密进行保护的职务科技成果，做好相应的保护工作

专利申请评估后，科研组织决定不申请专利的职务科技成果，可与发明人订立书面合同，依照法定程序转让专利申请权或者专利权，允许发明人自行申请专利。对于因放弃申请专利而给科研组织带来损失的，相关责任人已履行勤勉尽责义务、未牟取非法利益的，可依法依规免除其放弃申请专利的决策责任。

6. 目前存在的问题

发明人对职务发明创造的意识仍需扭转；

专利代理所直接评估的问题；

对市场前景把握的难题；

评估不通过的免责问题。

四、专利池

1. 专利池的概念

专利池是一种由专利权人组成的专利许可交易平台，通常由某一技术领域内多家掌握核心专利技术的单位通过协议结成。平台上专利权人之间

进行横向许可，有时也以统一许可条件向第三方开放进行和纵向许可，许可费率由专利权人决定。

专利池各成员单位拥有的核心专利是其进入专利池的入场券。进入"专利池"的单位可以使用"池"中的全部专利从事研究和商业活动，而不需要就"池"中的每个专利寻求单独的许可，"池"中的单位彼此间甚至不需互相支付许可费。"池"外的单位则可以通过一个统一的许可证，自由使用"池"中的全部知识产权。

专利池的出现是现代科技发展和专利制度结合下的必然产物，构建专利池的目的是加快专利授权，促进专利技术应用。

2. 专利池的分类

专利池依其是否对外许可分为开放式专利池和封闭式专利池。

开放式专利池成员间以各自专利相互交叉授权，对外则由专利池统一进行许可。

封闭性专利池只在专利池内部成员间交叉许可，不统一对外许可。

开放式专利池是现代专利池的主流，其对外许可方式通常为一站式打包许可，即将所有的必要专利捆绑在一起对外许可，并且一般采用统一的许可费标准，许可费收入按照各成员所持必要专利的数量比例进行分配。

专利池对外的专利许可事宜可委托专利池成员代理，也可授权专设的独立实体机构来实施。随着技术标准与知识产权的日益结合，技术标准中核心专利的持有人，往往会组成专利池以解决复杂的专利授权问题。可以预见的是技术标准下的开放式专利池将会成为最有影响力的专利池。

3. 专利池的作用

专利池最重要的作用在于它能消除专利实施中的授权障碍，有利于专利技术的推广应用。

（1）障碍性专利

障碍性专利往往产生于在先的基本专利和以之为基础后续开发的从属专利之间，从属专利缺少了基本专利就不可能实施。相反，基本专利没有从属专利的辅助往往难以进行商业化开发。因此，障碍专利之间的交叉许可就显得十分必要。

（2）互补性专利

互补性专利一般是由不同的研究者独立研发形成的，二者之间互相依赖，各自形成某项产品或技术方法不可分离的一部分。同障碍性专利一样，互补性专利也需要相互授权才能发挥作用。

（3）竞争性专利

竞争性专利也称为替代性专利，是指在某项发明实施过程中可以相互替代的专利，二者是非此即彼而不是互为依存的关系。对于竞争性专利，一般认为，如果它们存在于同一专利池中，将会引发垄断的问题。因此，排除竞争性专利进入专利池成为反垄断机关审查专利池的重要内容之一。而对于障碍性专利和互补性专利，如果将其放入同一专利池中，将会消除专利间互相许可的障碍，从而促进技术推广。

专利池的另一显著作用是能显著降低专利许可中的交易成本。专利池对外实行一站式打包许可，并采用统一的标准许可协议和收费标准，从而被许可方不必单独与专利池各成员分别进行冗长的专利许可谈判，极大地节约了双方的交易成本。

专利池还能减少专利纠纷，降低诉讼成本。专利池成员间的专利争议可通过内部协商解决，而无需对簿公堂。即使出现了专利纠纷，专利池作为一个整体代表专利池成员参与诉讼，可使诉讼过程大为简化，避免社会法律资源的巨大浪费。

专利池所具有的上述积极作用使其得以产生和发展，随着现代经济的发展，专利池队伍将会不断壮大，其产业影响也将越来越广。

4. 基于标准的专利池通常具备以下基本特征

（1）有一个明确的、定义良好的标准

（2）有一套程序或第三方专家来决定哪些专利是核心的标准必要专利

（3）一份经核心专利持有人起草并核准的技术许可合同，该许可至少应遵循 RAND 原则

（4）专利池管理机构由核心专利持有人共同任命

（5）核心专利持有人保留对专利池之外的自身专利的许可权利

五、欧美高校代表性技术转移中心介绍

大学研究能影响国家经济吗？这点毋庸置疑。通过大学技术转移，以科技创新驱动社会经济发展已经成为各国政府的共识。据美国生物技术产业组织的意向研究估计，1996—2010 年美国各大学专利许可的经济影响高

达 3 880 亿美元，创造了 300 万个就业岗位，产学研之间的协作关系已经逐渐成为一个国家高校创新生态系统的关键组成部分。

美国、德国、英国的大学技术转移中心在专利运用方面有着非常成功的经验，值得借鉴。下面介绍 4 个代表性的大学技术转移中心。

1. 美国的斯坦福大学技术转移中心

该中心成立于 1970 年，学校的职务成果均需向中心披露，由中心组织专家评估，由中心出资申请专利，中心对外签订专利许可协议，约 50%的披露会申请专利。15%的收益直接补贴中心运行经费，扣除专利费用后的净收益中，1/3 归发明人，1/3 归发明人所在系，1/3 归发明人所在学院。

表 3-1　斯坦福大学 2010—2014 年专利运营收入

年度	总收入（亿美元）	涉及专利数（件）	专利费（亿美元）
2010	66.5	553	9.8
2011	66.8	600	9.3
2012	76.7	660	8.7
2013	87	622	7.5
2014	108.6	655	7

2. 德国的史太白专业技术转移中心

该中心成立于 1998 年，是以高校（研究所）教授为核心的企业化运营机构。该中心以中小企业为服务对象，主要利用教授的业余时间开展技术转移咨询和服务，如果中心任务涉及教授的专职工作时间，或涉及原单位的知识产权，由中心和原单位另行签订协议。由教授申请或中心根据市场需求寻找合适的教授来开展中心的运营工作，中心其他人员由教授招聘，合同一般签订 3 年，优胜劣汰，中心按业务量的 10%提取管理费。

中心在欧盟的产学研合作基金中占有主导地位，负责组织高校、研究机构和中小企业组成项目联合体，完成申报文件、开发计划、权利义务和资金分配方案，负有组织协调、项目经费统筹，应对技术合作方中途退出等责任。

3. 德国的巴伐利亚技术转移中心

该中心成立于 2002 年，成员学校的职务成果均需向中心披露，由中心组织专家评估。由中心出资申请专利，中心与学校签订专利使用协议，约

30%的披露会申请专利。

该中心每年有 300～400 件专利申请，以专利技术出资的时候，中心是股东，一般占股 20%，教授占股一般不超过 50%。

4. 英国牛津大学的 ISIS 创新公司

该公司为牛津大学全资拥有，预算由牛津大学提供，收益归牛津大学所有，纯市场化运作，即需要开展学校的内部营销，也需要对外进行外部营销，支持学者们将科研成果以专利、特许权、技术入股、咨询服务等形式商业化，学者们因此分享特许经营收益、股权收益和咨询服务收益。

（1）特许经营收益

经过授权给 ISIS 公司的专利，由 ISIS 创新公司支付所有的专利成本，然后再以 30%的比例从特许经营收入中回收成本。

（2）股权收益

创业公司的股东有研究人员、学校、投资者和公司管理者，研究人员的股权份额与学校相同，投资者的股权份额根据协议确定，公司管理者的股权份额在 5%～15%。每一方均拥有公司决策否决权。

（3）咨询服务收益

学者外出咨询每年不超过 30 天，并且必须由学校批准。ISIS 创新公司负责向学者们提供从事咨询服务工作的机会并与之签订咨询服务协议，ISIS创新公司从咨询服务收入中扣除 15%的管理费。

六、科研院所贯标对专利运用的推动作用

1. 科研院所贯标的内涵

知识产权贯标是指贯彻和落实知识产权管理规范中的相关标准，使知识产权管理形成标准化和制度化。科研组织是国家创新体系的重要组成部分，知识产权管理是科研组织创新管理的基础性工作，也是科研组织科技成果转化的关键环节。《科研组织知识产权管理规范》（以下简称《规范》）是 2017 年 1 月 1 日实施的一项中华人民共和国国家标准。

《规范》采用 PDCA（Plan，Do，Check，Act）循环的管理模式，对科研院所知识产权管理的所有环节和方面进行了详细规定，为科研院所知识产权的创造、实施和运营提供全方位的体系化管理。

科研院所知识产权贯标（以下简称贯标）是指科研院所根据《规范》要求，建立与本机构研发战略目标一致的知识产权管理体系，并且在科研全过程组织贯彻实施。

科研组织知识产权管理体系是指将知识产权放在科研组织管理的战略层面，从科研组织知识产权管理理念、管理机构、管理模式、管理人员、管理制度等方面视为一个整体，界定并努力实现科研组织知识产权使命的系统工程。

2. 科研院所贯标的目的和意义

随着国家知识产权战略的深入实施，知识产权管理逐步走向规范化是大势所趋。科研院所是国家重要创新主体，研究领域广，知识产权拥有量大，没有科学的管理模式必然导致知识产权管理体系混乱、人员责任不清、知识产权保护不到位、高质量知识产权占比偏低、科研成果转化困难等问题，阻碍科研院所知识产权事业的发展。

2021年，国家知识产权局、中国科学院、中国工程院和中国科协联合印发了《关于推动科研组织知识产权高质量发展的指导意见》，明确提出：一是要坚持知识产权保护导向，强化创新全过程知识产权管理；二是要加大知识产权运用力度，促进创新成果向现实生产力转化；三是要提升知识产权风险防控能力，保障产业链供应链安全；四是要优化知识产权管理和运营机制，支撑科研组织高质量发展强化高效运用。

规范管理方法与机制，转变管理观念，落实《规范》的要求，维持知识产权管理体系的良性循环，对于科研院所提升技术创新能力，提高知识产权质量，降低知识产权风险，从根本上改变重授权轻转化的现状，实现知识产权价值增值具有重要的意义。

科研院所开展贯标有2个重要的作用。一是优化科研组织内部管理，包括：有效提高组织的运行效率；有效降低知识产权管理风险；有效减少知识产权管理成本；有效规避围绕知识产权的矛盾。二是促进科研组织的价值提升，包括：促进科研组织与外部组织的协同；帮助科研组织吸引外部资源；为成果转移转化奠定基础。

3. 国内科研院所知识产权贯标现状

科研院所贯标工作是新生事物，《规范》颁布实施以来，只有极少数科研院所开展管理体系建设和贯标工作。由于科研院所自身知识产权管理基础薄弱、人员配置短缺等因素，科研院所开展贯标尚在探索阶段。规范管理不能一蹴而就，需要融入日常管理工作中并持续不断地改进，持续改进在路上。

2017 年国家设立苏州、宁波、成都、青岛、长沙、西安、郑州、厦门 8 个城市作为知识产权运营服务体系建设重点城市，贯标是此次运营体系建设的关键环节。各试点城市相继出台了对通过贯标认证的企业、高校和科研组织的奖励政策。在奖励政策的支持激励下，众多企业贯标热情高涨。从 2013 年 2 月国家发布《企业知识产权管理规范》之日起，截至 2017 年 12 月，有超过 8 000 家企业获得贯标认证。相比之下，同样有奖励政策的激励，高校和科研院所的贯标积极性却不高。至今，《高校知识产权管理规范》和《科研组织知识产权管理规范》已经公布实施超过 4 年，但从全国范围来看，也仅有为数不多的高校和少数中国科学院贯标试点研究所通过了验收，其他自主进行贯标活动的高校和科研院所大都进程缓慢，未见突出成效。

《规范》是一个推荐性的国家标准，不强制要求科研组织执行。目前，推行该标准主要是依靠"政策引导—科研院所主动—咨询服务机构参与—认证机构认证"的模式开展，其中"政策引导"是目前科研院所进行知识产权贯标认证的主要推动力。

在政策引导下，中国科学院在全国科研科研院所中率先开展贯标工作，成为国内科研组织知识产权管理的先行者和知识产权管理标准化探索的带头人。在对待贯标的态度上，有中国科学院院属研究所的领导认为，建设世界一流研究所，管理水平也要一流，以前知识产权管理没有标准，现在有了标准，就要把标准吃透，要对照标准做；贯标对研究所的发展有好处，只是工作量大一些，既然早晚都要做，建议早做为好。

中国科学院是我国最高学术机构代表，涵盖科研院所、学部和教育机构，其中 100 多家研究所（院）和 4 个文献情报中心分布在全国各地。为实现创新跨越发展，中国科学院于 2015 年 11 月启动知识产权管理贯标试点工作，成立了知识产权贯标工作组，确定了大连化学物理研究所（以下简称大连化物所）、计算技术研究所等 13 家研究所为知识产权贯标试点单位。2018 年 1 月，中国科学院印发《关于贯彻〈科研组织知识产权管理规范〉国家标准有关工作的通知》，确定了首批 32 家贯标单位，其中包括 14 家特色研究所、10 家参与中国科学院促进科技成果转移转化弘光专项的研究所，以及主动自愿申报的 8 家研究所。

2018 年 11 月，中国科学院召开《规范》贯标工作启动会，推进 32 家贯标试点研究所（表 3-2）全面启动建设知识产权管理体系。2018 年 12 月，中国科学院《规范》内审员培训班、贯标试点工作培训班相继开班。此外，中国科学院在知识产权贯标方面设定了长期目标，即推动院属研究所全部通过知识产权贯标认证。截至 2019 年底，中国科学院首批共 11 个研究所顺利通过认证。其中大连化物所成为中国首家通过《规范》认证的科研机构。另已通过认证的有长春光学精密机械与物理研究所、广州能源研究所、天津工业生物技术研究所、南京土壤研究所和青海盐湖研究所等。2021 年 3 月，中国科学院确定了包括自动化所在内的 18 家院属单位作为第二批贯标单位开展贯标工作。

表 3-2　首批 32 家贯标单位名单

序号	研究所
1	中国科学院理化技术研究所
2	中国科学院上海硅酸盐研究所
3	中国科学院长春应用化学研究所
4	中国科学院电工研究所
5	中国科学院心理研究所
6	中国科学院南京土壤研究所
7	中国科学院东北地理与农业生态研究所
8	中国科学院地理科学与资源研究所
9	中国科学院西北生态环境资源研究院
10	中国科学院沈阳应用生态研究所
11	中国科学院昆明植物研究所
12	中国科学院、水利部成都山地灾害与环境研究所
13	中国科学院水生生物研究所
14	中国科学院新疆生态与地理研究所
15	中国科学院计算技术研究所
16	中国科学院青岛生物能源与过程研究所
17	中国科学院重庆绿色智能技术研究院
18	中国科学院近代物理研究所
19	中国科学院西安光学精密机械研究所

（续表）

序号	研究所
20	中国科学院物理研究所
21	中国科学院工程热物理研究所
22	中国科学院武汉物理与数学研究所
23	中国科学院化学研究所
24	中国科学院合肥物质科学研究院
25	中国科学院大连化学物理研究所
26	中国科学院微生物研究所
27	中国科学院长春光学精密机械与物理研究所
28	中国科学院广州能源研究所
29	中国科学院宁波材料技术与工程研究所
30	中国科学院天津工业生物技术研究所
31	中国科学院武汉植物园
32	中国科学院苏州纳米技术与纳米仿生研究所

4. 科研院所知识产权规范管理存在问题

与企业相比，我国科研院所实施知识产权贯标工作相对来说难度较大。这是因为，其一，科研院所进行知识产权管理时，所涉及的对象包括科研院所的科研人员、管理人员、学生、留学生，还有外聘学者、客座教授等人员，管理对象呈现多元化；其二，科研院所知识产权管理涵盖不同的科研中心和科研团队，科研项目种类较多，范畴较广，涉及多个学科及领域，管理内容呈现复杂化；其三，科研人员开展项目研究存在阶段性，也有一定的不确定性，知识产权创造和运用目的呈现多样化。正是科研院所独具的上述特征使科研院所在贯彻执行知识产权管理规范时变得更复杂。

与国外科研机构相比，无论从试点科研院所还是未试点科研院所看，我国科研院所在知识产权管理机构设置、知识产权管理体系、技术转移运行模式、知识产权权属和收益分配等方面仍有相当大差距，尤其是对照颁布的《规范》标准，具体实施贯标还存在很多困难，面临诸多挑战。

（1）对知识产权的重要性认识不足，对贯标有畏难情绪

国家重大项目的申报、科研经费的争取、高水平论文的发表、省部级

以上奖励的获得，仍是科研院所重点关注所在。很多科研院所对于知识产权工作在科研事业的发展和对经济建设所发挥的作用普遍缺乏深刻的认识，未能全面准确地理解贯标工作及其意义，常常简单地认为，知识产权管理就是对专利、植物新品种权的管理，日常工作仅限于申请和维持专利等简单事务。管理者没有切实站在科研院所长期发展对知识产权管理需求的角度，将贯标工作与科研院所整体的战略发展结合起来，未能使知识产权管理真正融入院所发展的全过程中。

部分科研院所虽然了解到贯标可以给院所发展带来好处，但受传统思路限制，依然对贯标工作存在着畏难情绪和抵触心理，认为贯标工作成本高、投入大。以时间成本为例，知识产权管理体系的建立需要一定时间，首次认证申请需要体系建立后再运行3个月以上，而体系的实施运行更是一个长期的不断改进的过程。在这种思路的影响下，一方面，管理者担心作为"成本部门"，知识产权管理体系的建设运行会消耗人员、时间、资金等成本，影响日常工作；另一方面，对将运行的知识产权管理体系是否能真正带来实际成效和管理上的提高，管理者也会存在顾虑。

（2）尚未形成组织架构完善的知识产权管理机构和管理队伍

从调研情况来看，目前科研院所普遍采用的是挂靠和分散管理的模式，把知识产权工作放在科技管理处、成果转化处等部门，专门设置独立知识产权管理机构的科研院所还比较少。运行上，科研院所通常采取行政管理的方式，内容简单，方法单一，往往重管理轻服务。由于要兼管其他科技管理工作，一般只有半个或不到半个人在负责整个单位的知识产权管理工作，管理精力有限。另外，工作人员也不具备知识产权方面的专业能力。

调研发现，约60%的专职管理人员中，绝大部分管理人员是从其他岗位或者科研管理岗位分离出来，缺乏专业的知识产权管理知识和实践经验，知识产权管理仍停留在简单地收集需求、成果登记、沟通代理机构等事务性工作，专职人员参与知识产权的挖掘、申报、运用等专业性强的工作的，更是少之又少。

国外科研机构对知识产权管理人员在专业能力上的要求，以及专业人员的储备上远远超过了我国。比如，美国麻省理工学院规定，知识产权管理工作人员要具有技术背景，并且需具备经济、管理、法律等专业知识。再比如，美国康奈尔大学每年大约有300项发明，却拥有32名专职人员，其中约20人是知识产权管理方面的专业人才。相较之下，我国科研院所这种复合型知识产权管理的专业人才则极度短缺。我国不少科研院所每年的发明专利申请可以达到1 000项，但专业的知识产权管理人员仅有1~2名，与国外相差悬殊。

（3）尚未形成操作性强的知识产权管理文件和业务流程

大部分科研院所的知识产权管理工作仅停留在出台了本单位的《知识产权管理办法》《成果转化管理办法》《科研成果奖励办法》和《科技创新绩效考核办法》等管理制度层面，未能形成全面的知识产权管理工作体系。据统计，我国已有97%的科研院所制定有专门的知识产权管理政策或在其他规章制度中有涉及相关政策或制度，仅有3%的科研院所没有制定。

从实际执行来看，尤其是对照《规范》标准来看，现行很多政策和制度不够具体，不成体系，不具有很好的操作性。例如，有些制度只是简单重复已有的法律法规，没有出台具体实施办法，结果出现上面有要求、下面却不知该如何执行的情形；有些制度之间相互矛盾，漏洞多；这些制度仅对发明人和权利人以及直接管理部门做了规定和说明。

知识产权管理是一个系统性工程，除了直接管理部门，还需要科研中心或科研团队，职能部门特别是资产、财务和人事等部门分工协作，而办法中却缺乏相关规定。通过访谈，部分知识产权管理者反馈，现有的制度和管理办法仍只是一份文件，真正开展相关工作很难依照文件执行，缺少落脚点和执行参考。因此，对照贯标要求，必须重新审视科研院所的知识产权工作，从体制机制上进行系统建设。

（4）贯标主观能动性不足，体系运行难以持续

随着《规范》的积极推进，特别是全国知识产权贯标咨询服务联盟的在京成立，各咨询辅导机构逐渐建立起专业、规范的咨询服务体系。但随之也带来了新的问题，即部分科研院所过度依赖辅导机构，将自身从知识产权管理体系的构建中抽离出来。有些研究所未结合本单位的中长期发展目标和创新发展规划开展深入研究，错误地将知识产权管理体系的建设看作仅仅是各类文件材料的编制，甚至捏造材料，应付认证审核。这一方面与这些研究所最高管理者对贯标的重视程度不够、未能在研究所形成自上而下的推动力有关；另一方面也与研究所缺乏知识产权专业机构和专业人才有关。

由于缺少专门的管理机构和专业化的管理人员对知识产权进行有效管理，知识产权管理工作常处于临时和兼职的状态，对知识产权管理工作理

解的偏差加之自身条件的限制，很容易将贯标工作全权委托给辅导机构。此外，《规范》要求科研院所建立知识产权管理体系并形成文件后，运行并持续改进，以保证其有效性。但有的研究采取短平快方式进行贯标，贯标认证结束后便撤回对人员、时间等的维护性投入，这令体系在后续的运行过程经常处于真空状态，与体系作为一个长生命周期的存在形式相互矛盾。

（5）专业检索能力不强，贯标工作不深入

科研院所对检索工作的不重视、检索人员的缺乏、检索能力的不足，以及对检索工具运用的不熟练，有可能导致《规范》中众多关键性环节的要求很难深入、持久、制度化地开展和落实。这里所说的检索人员，是指能够满足实际工作需要、娴熟掌握检索技巧，并能切实把规范中的各项条款要求落实到位的人员。

可以说，要想把《规范》中的要求落到实处，尤其是立项前分析、研发中信息利用、布局及申请前检索、推广前预警分析、信息跟踪利用等这些规范运用做到实处，必须要有熟练掌握知识产权检索工具的人员，没有这样的人员，贯标中的各项要求只能停留在文件层面，每次审核或验收的时候也只能临时抱佛脚，很难深入、有效、制度化地开展，不能真正体现出贯标给科研工作带来的实效。

（6）知识产权保护意识不强，知识产权转化率低

专利申请最主要的现实意义是技术保护，但在现有的体制机制下，仍有相当一部分科研人员为完成科研工作量、项目结题、科研绩效考核或者职称评审而申请专利，即使出于技术保护的目的申请了专利，也缺乏战略意识，未充分考虑专利技术的市场需求和推广运用，未形成专利群、保护不全面，且专利的文本质量不高，专利技术未经过中试，技术的成熟度低，实施应用难度大。这就导致我国科研院所的专利授权量在逐年递增，但是高价值专利占比较少，专利转化率仍处于较低水平。

数据显示，我国科研单位专利转化率基本保持在 9.5%，而美国高水平大学专利转化率约为 40%，82% 的受访国内高校认为专利技术含量较低是影响专利转移转化工作的主要制约因素。同时，科研院所本身缺乏专业化的知识产权管理和技术转移服务的能力，对专利的宣传和推广不到位、专业知识产权人员欠缺等因素，也使得大部分知识产权成果被束之高阁，未能得到及时有效的转化。偏低的知识产权转化实施率和转化收益，进一步导致了科研院所对知识产权管理工作的不重视，久而久之，使得研究所知

识产权的管理力量越来越薄弱。

除了以上存在的问题以外，科研院所知识产权的不正当流失、知识产权培训教育滞后等问题，也是实施贯标所要面临的困难和挑战。

5. 科研院所知识产权管理规范体系建设实施路径

中国科学院 32 家贯标试点研究所按如下流程开展知识产权贯标工作。

从图 3-1 看，贯标流程大致可分为 7 个阶段：贯标启动、调查诊断、体系构建、文件编写、发文宣贯、实施运行、评价与改进。

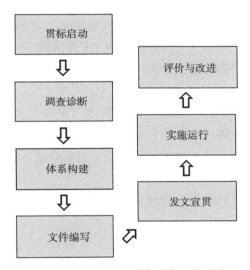

图 3-1　研究所知识产权贯标实施流程

（1）贯标启动

成立贯标工作组，制订贯标工作计划，召开贯标启动大会，对主要参与部门、人员进行贯标培训。构筑由法人代表挂帅、管理者代表主持，研究团队、管理部门、支撑部门共同参与的知识产权管理体系组织。其中，知识产权管理机构可以单独设立或挂靠在管理部门中的科技管理处或成果转化处，知识产权服务支撑机构可以挂靠在支撑部门中的图书馆或信息服务部门；内审员由管理部门和支撑部门的负责人或主管担任，知识产权专员由研究团队的研究人员或科研秘书担任。

（2）调查诊断

对现有知识产权管理体系进行诊断，深入了解本机构基本情况，包括现有管理制度、科研项目来源、学科专业特色、研究领域等，必要时需要结合人事处提供的人力资源制度进行梳理，识别潜在的制度漏洞和政策壁垒，挖掘现有的管理特色。

（3）体系构建

根据《规范》要求和科研院所内部情况的诊断结果，制定科研院所知识产权方针，确定知识产权短期和长期的目标，构建知识产权职能架构，规划贯标内容，制订工作计划，明确工作进度和责任分工，并向责任人发放任务书。

（4）文件编写

在系统获得知识产权贯标相关知识和能力后，开始对科研院所在科研工作中形成的文件、报表、合同等进行规范化和标准化，补充欠缺的材料，编写知识产权管理手册，编制知识产权管理制度、控制程序和记录表单。

（5）发文宣贯

颁布科研院所知识产权管理手册、制度、程序、表单，开展知识产权宣贯培训，指导各个部门、人员正确理解和执行。对于人员的培训要根据科研人员、行政管理人员和领导的不同分工实现分层分级培训。

（6）实施运行

试运行科研院所知识产权管理体系，填写体系运行记录，定期进行体系运行监测。

（7）评价与改进

定期进行内部审核，对审核结果进行分析，根据知识产权方针、目标，反复查找存在的问题和漏洞，对审核中的不合格项采取纠正和改进措施，监督执行改进效果，以确保体系的适宜性、有效性以及知识产权资产增值。验收阶段需引进国家认可的认证机构，对知识产权管理体系开展认证工作。

上述流程中，构建知识产权管理体系是贯标工作的重中之重。

在科研管理方面，要将知识产权管理体现在科研项目管理的全过程，从科研项目选题、申报、立项、实施到最终结题验收，都应做好专利检索、导航与布局，并尝试开展专利申请前评估工作。

在人事管理方面，需结合现有制度，把知识产权相关元素融入聘任合同、培训方案、人才梯队建设方案、考评办法等管理制度中。

在资源保障方面，要保障知识产权经费的合理运用，制定相关资金使用规范，特别是项目经费和公用经费的区分运用，都应以提高科研院所知识产权质量为前提，应明确知识产权的费用分担和权属分配，做好对无形资产的评估和管理工作，杜绝国有资产流失等问题的发生。

在信息服务方面，信息中心应结合科研院所信息化建设，做好知识产权管理平台的搭建，避免管理流程冗杂，增加管理人员和科研人员的工作量，尽量做到知识产权成果全流程管理。

在学生管理方面，需要把学生知识产权管理、成果认定、知识产权培训融入学生的教与学，必要时可以开设知识产权普及性选修课，提高学生的知识产权意识。

6. 科研院所以贯标促创新、促转化的成功实践

从已开展贯标的试点研究所来看，贯标确实能够在很大程度上提升试点院所人员对知识产权的认知水平，改善知识产权创造环境，激发科研人员知识产权的创造热情和动力，强化知识产权全过程管理，提高知识产权的创造与运用水平。以中国科学院理化技术研究所为例，开展贯标以来，该所专利质量和数量持续提升，技术转移规模和体量连续增长，单个专利平均转化价值近 200 万元；以技术投资培育孵化 7 家高新技术研究所，累计实现科技成果投资 1 亿元，吸引社会总投资 10 亿元；以技术转让/授权方式培育上市公司 2 家，新三板挂牌公司 3 家。各试点研究所在贯标中的成功实践为其他研究所推进实施贯标提供了借鉴。

（1）实施专利分级制度，推动高质量专利产出

专利分级管理是《规范》中的重要条款，做好专利分级管理将为研究所梳理专利资产、合理处置存量专利、把控专利资源投入、强化知识产权保护、推动高价值专利培育和运用提供重要依据。中国科学院大连化学物理研究所是中国科学院首批贯标试点单位，于 2019 年 5 月顺利通过中规（北京）认证有限公司的贯标认证，成为我国第一家通过科研组织知识产权管理体系认证的科研机构。该所持续推进实施专利分级制度，对专利从法律、技术、市场维度进行价值评估与分级，在兼顾主观分析和客观标准的基础上，将专利级别分为 A、B 和 C 3 个级别。该所要求省部级、院级、国家面上项目产生的专利须定为 B 级，院级及国家重大项目产生的专利须定为 A 级。专利分级制度实施以来，该所申请 B 级和 A 级的提案，分别占专利总申请量的 12% 和 8%。

（2）以院、所两级知识产权专员为核心，打造知识产权骨干队伍

为推进知识产权创造与运用，中国科学院大连化学物理研究所打造了一支深入科研一线的知识产权骨干队伍。这支队伍由院、所两级知识产权

专员为骨干组成，专员大多具备良好的专业背景，通晓知识产权和技术转移知识，能够深度参与到项目的立项、验收、合作开发以及技术转化谈判等环节。

专员在专利检索、专利撰写、专利布局、与所外代理人沟通协作等方面承担了大量工作，对于提高专利的申请质量起到了良好的促进作用。专员还协同知识产权办公室的管理人员共同处理知识产权问题，使技术转移初期在一线就可以消化很多基本的知识产权问题。这种以知识产权办公室为业务指导和管理中心、以知识产权专员队伍为基础的工作网络，很好地解决了知识产权管理中人手短缺、力量不足的问题。目前该所有中国科学院院级知识产权 32 人，所级知识产权专员 70 多人，为贯标工作提供了坚实的人力资源基础。

（3）开展多维度知识产权培训，提升全员知识产权能力

贯标培训是提升知识产权队伍能力水平的助推器，有利于提高知识产权管理工作的绩效。中国科学院理化技术研究所（以下简称理化所）于 2018 年启动贯标工作。该所以全员为目标，针对不同主体在知识产权规范管理体系中的功定位和需求，采取不同培训模式，从不同维度开展知识产权培训上千人次，培训模式包括 EMBA、联想学院、创新创业培训等，详见表 3-3。自贯标启动以来，该所已累计组织各类培训学习近百场，覆盖全所 50% 左右的科研人员和管理人员。

表 3-3　理化所知识产权培训方式与内容

类别	团队首席（课题组长）	科研骨干	知识产权专员	策划部专职人员
管理体系中的定位	科研方向选择与布局、创新活动的策划与组织者	IP 创造的主力，创新活动的主要实施者	介于技术创造与运用的中间环节，IP 确权的关键角色	IP 商业化运营的策划、组织与实施者
知识产权需求	研发过程 IP 战略制定、产业化方向选择	研发过程中 IP 布局策略和方法	专利撰写与答复技巧、IP 工具运用等	知识产权专业管理与资本化运营知识获取
培训重点	IP 战略思维、商业化经营理念培养	创新思维训练、IP 运用中技术组合能力	IP 法律法规、IP 工具运用、IP 合同要点	政策与法规、商业运营思路与模式
培训方式	EMBA、讲座与交流	联想学院培训、所知识产权培训、所创新创业培训	院知识产权专员培训体系、所知识产权培训	EMBA、非脱产专业课程学习、联想学院

注：IP 是 Intellectual Property 的简称，代表知识产权。

（4）实施重点领域知识产权专项行动，突破"卡脖子"技术

自 2012 年起，理化所在新材料、先进制造、资环健康三大重点领域实施专利分析布局的专项行动，行动路线如图 3-2 所示。行动内容包括：全球专利检索分析、专利布局战略、技术发掘与申请策略、技术路线规避与选择、知识产权运营策略，专业机构深度合作。至今，该所累计已投入资金超过 500 万元，用于支持知识产权专项行动，数 10 项经过早期专利分析和布局的技术成果成功转化，实现了累计超过 2 亿元的较高交易价值。

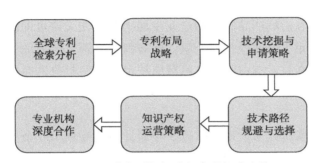

图 3-2　重点领域知识产权专项行动路线

案例一：大型低温制冷装备

20K（-253℃）以下大型低温制冷系统是国家大科学工程、氢能、航天等领域的关键支撑技术。该技术长期被国际上的林德、液空两家公司垄断。为掌握大型低温制冷装备与系统关键技术，彻底改变长期依赖进口的被动局面，该所依托以下 3 条主线，引智"深圳中国科学院知识产权投资有限公司"联合完成知识产权分析和布局等全过程管理工作。

一是技术主线：总工程师—七个子课题负责人—IP 联络人。

二是管理主线：总体部—IP 专员—IP 联络人/产业策划部。

三是 IP 工作主线：IP 联络人—深圳知识产权公司—IP 专员/产业策划部。

该所根据国内外专利数据库分析、技术路线分析和重点技术分析，挖掘了 60 余个可专利点，并以已取得的 15 项专利以及全部专有技术评估作价 5 000 万元，联合社会资本、经营管理团队共同发起设立大型低温装备产业化公司，成为国内唯一 20K 以下低温系统供应商，彻底打破了国际封锁，有效带动了我国低温产业的持续发展。

案例二：液态金属

为实现液态金属领域重大技术应用突破，培育若干高成长创新研究所的目标，该所针对"冷却与能量捕获""印刷电子与3D打印""生物材料"和"柔性智能机器"四大主要应用领域开展多维度专利分析。针对技术优势区、技术机会区、技术壁垒区、技术空白区，形成策略性专利布局建议。

在技术优势区，系统做好专利挖掘与布局，保持技术优势，确保转化为产业优势。在技术机会区，以布局核心专利为主，注重外围专利的布局，形成严密保护网。在技术壁垒区，研发主要放在围绕核心专利布局外围改进专利，从而在后续产品制造和产业发展中获得交叉许可的筹码。如果在研发过程中有重大突破性技术产生，则需判断是否有可能成为技术点的关键核心技术。在技术空白区，虽然对应技术的研发与改进在获得专利权方面不存在风险，但研发可能存在失败风险，对于这些空白点的布局需要谨慎考虑。

专项行动实施以来，该领域近5年累计申请专利160余项，获得授权100项，专利涵盖材料、结构、方法与应用等产业全链条创新。通过专利授权和共同开发等形式，累计实施专利96项次，授权合同额达3650万元+提成，已培育4家高新技术研究所。相关成果入选中国科技十大进展新闻，中关村十大创新成果，液态金属材料列为云南省"十三五"规划材料领域重点发展方向。

（5）创新专利运营模式，挖掘存量专利价值

专利拍卖是指以公开竞价的方式，将专利的产权转让给最高应价者的买卖方式。专利拍卖实际上是一种专利价值的市场评估方式，它将第三方的价值评估转变成卖家自发自愿的市场行为，有效简化了专利评估手续，节约了交易成本，缩短了交易时间。专利拍卖活动的主要流程如图3-3所示。

2018年1月，中国科学院启动"中国科学院专利拍卖活动"。这次拍卖是我国专利公开拍卖有史以来数量最大、质量最高的一次，中国科学院全院57家院属机构整体参与，拍卖的专利覆盖涵盖电子信息、生物医药、新材料、节能环保等多个国家重点支持的战略性新兴产业。中国科学院此次拍卖活动，线上和线下拍卖相结合，网上竞价和拍卖举牌联动，北京主会场和其他城市分会场同步启动，全方位多渠道推进。此次拍卖最终成交28件，成交价503万，单个最高成交价60万元。

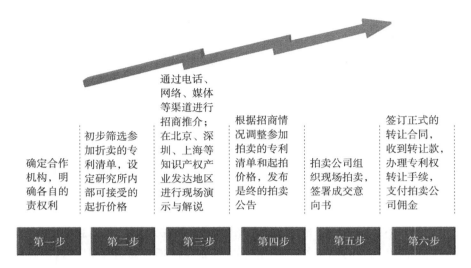

图 3-3　专利拍卖活动主要流程

中国科学院计算技术研究所（以下简称计算所）是中国科学院最早尝试采用市场化的方式，集中将专利向市场进行公开的推介与展示的研究所。通过专利拍卖活动，计算所有效解决了专利转化中存在的价值评估难题，促进了科研成果向现实生产力的转化，其成功经验为专利拍卖提供了借鉴。

早在 2010 年，计算所就率先举办了专利拍卖会，并在随后又多次举办专利拍卖会。首次拍卖会成交标的近 28 项，成交率 40%，成交额近 280 万元；第二次拍卖会成交标的 87 项，成交率 37.5%，成交额 426 万元。通过数次专利拍卖，计算所有效盘活了存量专利，推进了专利转化运营。

为保证专利拍卖取得实效，该所采取以下 4 项重要举措：一是成立了由技术转移中介服务机构、拍卖机构及知识产权服务机构共同参与的联合工作组，发挥现代服务业组织对知识产权运用的支撑与促进作用；二是通过对已经授权专利的筛查和内部分级，使得对拍卖标的有合理判断，形成相对客观的专利起拍价格；三是通过网络、媒体、现场说明会等多种方式公布专利清单，并针对技术问题、技术方案、技术效果和应用场景进行讲解和宣介；四是网络和现场竞拍相结合，对于在拍卖中没有成交的专利项目，允许买家在拍卖后与计算所继续进行私下谈判，包括以低于起始保留价与买家成交，以及提供相应技术服务等。

（6）提高信息服务能力，支撑贯标深入实施

信息服务是贯标工作的重要组成部分，贯标实施过程中的很多环节都

离不开信息服务，比如最高管理层在制定知识产权方针和目标时，要洞察世界潮流，紧跟学科研究前沿；科研人员在申报项目和选择研究课题时，需要对重点学科发展趋势、重点项目关键技术和市场产业化前景进行分析；人事部门在引进人才时，要充分调研人才的学科发展及专利成果等方面的情况，避免存在用人纠纷，且在科研人员、研究生离所时，要及时审核相关成果情况，并签订知识产权方面的协议，避免造成机构机密外泄；科技管理处或成果转化处要掌握专利价值评估与分析方法，对本机构已有的专利进行分类、分级管理，促进成果转移转化。以上种种，都对知识产权信息服务提出了更多更高的要求。

中国科学院拥有自身完备的信息服务系统，在已有的文献情报系统基础上，该院不断拓展服务范围，通过相关项目带动知识产权信息服务开展。各研究所借助已有的图书馆，与相关部门加强沟通，做好知识产权贯标信息服务支撑，使研究所知识产权贯标工作可持续发展。目前，中国科学院大多数研究所自建了图书馆信息集成平台、知识服务集成平台、研究室集成知识平台、科技态势监测等各类平台。部分研究所重视二次文献加工，定期发布科技信息或知识产权动态简报。少数图书馆为研究所和科研团队提供包括研究所竞争力分析、学科领域竞争力分析、专利技术分析等在内的多种类型研究报告，为研究所的科技战略决策与科研活动提供情报支撑。

7. 对策与建议

综上所述，本报告认为贯标是科研院所发展的需要，是提升科研院所知识产权管理能力的需要。贯标有利于推动科研院所知识产权管理工作更加科学化、规范化和系统化，促进科研院所提升知识产权保护及运用能力与水平。如何更好地在科研院所开展知识产权管理贯标工作，还需要在今后的实践过程中不断探索和完善。如何有效地把知识产权管理规范的要求融入日常管理工作中；如何通过体系的持续运行实现知识产权全过程管理，如何提高知识产权质量，增加具有商业化应用前景的高价值专利供给；如何提升专利运营及科技成果转化成效，仍是目前我国科研院所贯标工作的难点。就现阶段而言，建议科研院所围绕以下方面推进贯标工作。

（1）转变思路，明确贯标目标与路线

最高管理者的支持和参与是贯标活动顺利开展的第一步，知识产权管理人员的推进和全体员工的执行是贯标成功不可或缺的重要环节。针对科研院所对知识产权管理重视程度不足、畏难情绪较重的情况，思路转变是关键。贯标工作属于系统工程，管理层需将贯标工作列入长期发展规划，明确知识产权管理的方针目标，整体筹划布局，集中力量重点启动并将知识产权管理常态化、专职化。贯标实施前要从全局的高度进行谋划，要从各方面做好充分的准备。例如，对于贯标背景、内容、自身现状以及兄弟院所实施情况等都需要做好调研和梳理。要成立工作小组统筹实施贯标工作，要有明确的贯标路线，从体系构建、机制保障、宣贯培训等方面分层分出实施，以达到贯标所要求的全员、全过程、全方位。

（2）把握好贯标原则

贯标的目的是要增强科研院所知识产权管理的水平和能力，在具体实施过程需要按照如下原则。

一是效益原则。知识产权能够带来效益，不仅是经济上的效益，还有社会效益，甚至直接影响科研院所的声誉。贯标本身就是提升效益的过程。因此，在知识产权贯标过程中也要体现效益，通过贯标服务于研究所知识产权管理，服务于科技创新和综合实力的提升。

二是优化原则。贯标对于科研院所的各级组织来说，就是在适应新时期知识产权发展要求的同时，进一步优化内部管理，通过充分发掘自身潜力，实现各种资源的优化配置，从而更好地促进科研院所的科技创新。因此，在制定具体贯标措施时需要不断优化方案，提高适应性。

三是激励原则。激励是一个满足各方利益的博弈过程，通过建立激励机制，不仅能够很好地调动广大科研人员参与贯标工作的积极性，也能进一步激发研究所科研人员的研发热情。具体制定管理制度时，需要统筹好资金激励、荣誉激励、考核激励等相关措施，做到相互补充、相互促进，以实现成效最大化。

（3）加强《规范》贯彻实施，适时改进管理体系

《规范》提供了基于过程方法的知识产权管理一般模型。在实际贯标过程中，生搬硬套模板编制文件体系，建立和自身发展不契合的管理程序，不但不能起到促进作用，还会处处受到掣肘，对科研院所的实际管理造成负担，适得其反。不同科研院所的规模、组织结构、知识产权管理侧重点都不相同，在进行贯标的过程中，应根据自身发展状况和特点，不涉及本机构的《规范》标准条款要求可以暂不考虑，保留原有的好的知识产权管理制度，并结合《规范》的要求，建立既符合科研院所发展目标，又符合国家标准规定的知识产权管理体系。

知识产权管理体系的实施运行是知识产权管理体系发挥管理绩效的核心，虽然体系在建立之初考虑了科研院所的现状和需求，但在实施运行一段时间后，可能会出现不适宜科研院所实际情况的问题，因此体系在实施运行的过程中，应适时对运行情况进行内部评审，及时发现体系存在的问题，对不适宜的文件进行修订，制定整改措施，并监督整改措施的执行，以保证知识产权管理体系的有效性和适宜性。

（4）咨询辅导机构和认证机构适度介入

咨询辅导机构熟悉《规范》条款要求，能够帮助科研院所加快知识产权管理标准化进程，认证机构从第三方的角度监督科研院所知识产权管理标准的执行，可以为科研院所保持知识产权管理标准化成果提供保障。但科研院所开展知识产权管理贯标的根本目的，是按照标准化的模式和程序提高自身知识产权管理水平，咨询辅导机构和认证机构可适度参与，但不能成为贯标工作的主体。为避免辅导机构不了解科研院所情况导致的贯标流水线作业，科研院所应该根据自身需求，考虑是否聘请咨询辅导机构介入。有能力的科研院所可以独立完成本机构的知识产权管理贯标。其他院所可委托咨询机构进行知识产权托管，以节省成本并实现知识产权管理效率最大化。

（5）打造专业化队伍，重点加强检索人员培养

知识产权管理规范中对组织管理作出了明确要求，科研院所在管理体系建设的过程中，需要建设一支专业化管理队伍，科研团队要专设知识产权专员，负责对项目研发过程中的知识产权管理。相关行政部门也需针对工作内容，设专岗对接知识产权业务。例如，财务、资产管理部门对无形资产的认定和管理、专利费用的核算等；科技管理、成果转化管理部门对专利成果的管理和运营等。此外，在贯标过程中，尤其应该将检索人员检索能力的培训作为贯标工作的重中之重来对待，如果各项检索工作做得很好，那么贯标工作深层次的作用才会体现出来。

参考文献

何兴，2018. 科研院所知识产权"贯标"困境与路径［J］. 中国科技信息（24）：15-17.

胡小君，陈劲，2014. 基于专利结构化数据的专利价值评估指标研究［J］. 科学学研究，32（3）：343-351.

黄洪波，宋河发，曲婉，2011. 专利产业化及其评估指标体系与测度方法研究［J］. 科技进步与对策，28（15）：110-114.

霍金华，2017. 高校获中国专利金奖的分析及启示［J］. 中国高校科技（2）：113-115.

金泳锋，邱洪华，2015. 基于层次分析模型的专利价值模糊评估方法［J］. 科技进步与对策，32（12）：124-128.

雷朝滋，2020. 提升科研院所专利质量加强产学研合作促进成果转化［J］. 中国科技产业（1）：23-24.

李丹，2018. 专利领域市场支配地位的认定［J］. 电子知识产权（5）：21-29.

李小童，徐菲，2019. 高价值专利识别方法有效性实证研究［J］. 科技与法律（1）：12-16.

李晓峰，徐玖平，2011. 基于物元与可拓集合理论的企业技术创新综合风险测度模型［J］. 中国管理科学，19（3）：103-110.

李晓桃，袁晓东，2019. 揭开专利侵权赔偿低的黑箱：激励创新视角［J］. 科研管理，40（2）：65-75.

李玥，郝伶同，2018. 企业贯标机遇与问题研究［J］. 中国发明与专利，15（6）：34-40.

罗立国，2018. 核心专利识别指标研究［J］. 中国发明与专利，15（4）：63-68.

乔永忠，2011. 不同类型创新主体发明专利维持信息实证研究［J］. 科学学研究, 29 (3): 442-447.

乔永忠, 王卓琳, 2018. 不同类型权利人获得中国专利金奖的发明专利
    质量研究 [J]. 情报杂志, 37 (10): 120-125.

宋河发, 穆荣平, 陈芳, 2010. 专利质量及其测度方法与测度指标体系
    研究 [J]. 科学学与科学技术管理 (4): 21-27.

许海云, 方曙, 2014. 基于专利功效矩阵的技术主题关联分析及核心专
    利挖掘 [J]. 情报学报, 33 (2): 158-166.

许华斌, 成全, 2014. 专利价值评估研究现状及趋势分析 [J]. 现代情
    报, 34 (9): 75-79.

杨冠灿, 刘彤, 李纲, 等, 2013. 基于综合引用网络的专利价值评估研
    究 [J]. 情报学报, 32 (12): 1265-1277.

张克群, 牛悾悾, 夏伟伟, 2018. 高被引专利质量的影响因素分析——
    以 LED 产业为例 [J]. 情报杂志, 37 (2): 81-86.

中心课题组, (2021-10-14). 我国科技成果转化宏观政策研究 [EB/
    OL]. http://mp.weixin.qq.com/s?__biz=MzkOOTE 2NjgyMA==
    &mid = 2247484348&idx = 1&sn = 500201a8d6dfe0d 02adb3f53a3
    edb53a&chksm = c35d3437f42abd2196 bb7fd9b77f9830efd38 a2826f0
    d3e012dff326fbc909f0888b5da67ff4&mpshare = 1&scene = 23&src id =
    1028NWMRO5JaDu1dKJRr0rIF&sharer _ sharetime = 1637031663964
    &sharer_ shareid=5f15a7ff93f 01840b10808092df0c539#rd.

ALBERT M B, AVERY D, NARIN F, et al. , 1991. Direct validation
    of citation counts as indicators of industrially important patents [J]. Re-
    search Policy, 20 (3): 251-259.

BESSEN J, 2008. The value of U. S. patents by owner and patent character-
    istics [J]. Research Policy, 37 (5): 932 -945.

ERNST H, 2003. Patent information for strategic technology management
    [J]. World Patent Information, 25 (3): 233-242.

FISCHER T, LEIDINGER J, 2014. Testing patent value indicators on di-
    rectly observed patent value—an empirical analysis of ocean tomo patent
    auctions [J]. Research Policy, 43 (3): 519-529.

GOLDEN, JOHN M, 2007. Patent trolls and patent remedies [J]. Texas Law
    Review, 85: 2111- 2161.

HARHOFF D, NARIN F, SCHERER F M, et al., 1999. Citation frequency and the value of patented inventions [J]. Review of Economics and Statistics, 81 (3): 511-515.

HARHOFF D, SCHERER F M, VOPEL K, 2003. Exploring the tail of patented invention value distributions [C] //GRANSTRAND O. Economics, law and intellectual property. Boston: Springer US.

HARHOFF D, SCHERER F M, VOPEL K, 2003. Citations, family size, opposition and the value of patent rights [J]. Research Policy, 32 (8): 1343-1363.

KARVONEN M, KASSI T, 2013. Patent citations as a tool for analysing the early stages of convergence [J]. Technological Forecasting and Social Change, 80 (6): 1094-1107.

LANJOUW J O, SCHANKERMAN M, 2004. Patent quality and research productivity: measuring innovation with multiple indicators [J]. The Economic Journal, 114 (495): 441-465.

LANJOUW J U, 2004. Ratent quauty and researcn productivity: measuring innovation with multiple indicators [J]. The Economic Journal, 114 (495): 441-465.

LERNER J, 1994. The importance of patent scope: an empirical analysis [J]. Rand Journal of Economics, 25 (2): 319-333.

MERGES R P, 1988. Commercial success and patent standards: economic perspectives on innovation [J]. California Law Review, 76 (803): 805-876.

REITZIG M, 2004. Improving patent valuations for management purposes [J]. Research Policy, 33 (6-7): 939-957.

SCHANKERMAN M, PAKES A, 1986. Estimates of the value of patent rights in european countries during the post-1950 period [J]. The Economic Journal, 96 (84): 1052-1076.

SCHERER F M, 2001. The innovation lottery [C] //DREYFUSSR, ZIMMERMAN D. Expanding the boundaries of intellectual property: innovation policy for the knowledge society. New York: Oxford University Press.

SCHERER F M, HARHOFF D, 2000. Technology policy for a world of skew-distributed outcomes [J]. Research Policy, 29 (4): 559-566.

TEKIC, ZELJKO, KUKOLJ, et al. , 2013. Threat of litigation and patent value [J]. Research Technology Management, 56 (2): 18-25.

TRAJTENBERG M A, 1990. Penny for your quotes: patent citations and the value of innovations [J]. Journal of Economics, 21 (1): 172-187.

WANG B, HSIEH C H, 2015. Measuring the value of patents with fuzzy multiple criteria decision making: insight into the practices of the industrial technology research institute [J]. Technological Forecasting and Social Change, 92: 263-275.